TURING

图灵程序
设计丛书

程序员的数学 第2版

[日] 结城浩 著

管杰 卢晓南 译

U0281449

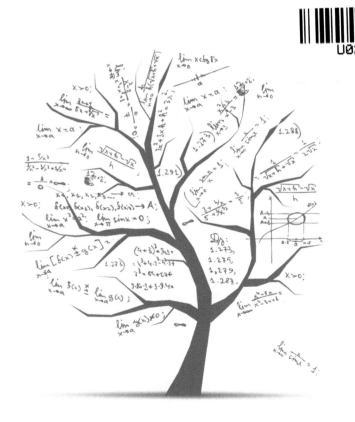

人民邮电出版社

北 京

图书在版编目（CIP）数据

程序员的数学：第2版 /（日）结城浩著；管杰，
卢晓南译. -- 2版. -- 北京：人民邮电出版社，2020.4
（图灵程序设计丛书）
ISBN 978-7-115-50490-6

Ⅰ. ①程… Ⅱ. ①结… ②管… ③卢… Ⅲ. ①电子计
算机—数学基础 Ⅳ. ①TP301.6

中国版本图书馆CIP数据核字(2020)第027883号

内 容 提 要

本书面向程序员介绍了编程中常用的数学知识，借以培养初级程序员的数学思维。读者无须精通编程，也无须精通数学，只要具备四则运算和乘方等基础知识，即可阅读本书。

本书讲解了二进制计数法、逻辑、余数、排列组合、递归、指数爆炸、不可解问题等许多与编程密切相关的数学方法，分析了哥尼斯堡七桥问题、高斯求和、汉诺塔、斐波那契数列等经典问题和算法。引导读者深入理解编程中的数学方法和思路。

第 2 版新增一个附录来介绍机器学习的基础知识，内容涉及感知器、损失函数、梯度下降法和神经网络，旨在带领读者走进机器学习的世界。

本书适合程序设计人员以及编程和数学爱好者阅读。

◆ 著　　　　[日] 结城浩

译　　　　管　杰　卢晓南

责任编辑　高宇涵

责任印制　周昇亮

◆ 人民邮电出版社出版发行　　北京市丰台区成寿寺路 11 号

邮编　100164　电子邮件　315@ptpress.com.cn

网址　http://www.ptpress.com.cn

固安县铭成印刷有限公司印刷

◆ 开本：800×1000　1/16

印张：17.5　　　　　　　　2020 年 4 月第 2 版

字数：317 千字　　　　　　2024 年 9 月河北第 24 次印刷

著作权合同登记号　图字：01-2019-5720 号

定价：59.00 元

读者服务热线：(010)84084456-6009　　印装质量热线：(010)81055316

反盗版热线：(010)81055315

广告经营许可证：京东市监广登字 20170147 号

版 权 声 明

Programmer No Sugaku the 2nd edition

Copyright © 2018 Hiroshi Yuki

Originally published in Japan by SB Creative Corp.

Chinese (in simplified character only) translation rights arranged with

SB Creative Corp., Tokyo through CREEK & RIVER Co., Ltd.

All rights reserved.

本书中文简体字版由 SB Creative Corp. 授权人民邮电出版社独家出版。未经出版者书面许可，不得以任何方式复制或抄袭本书内容。

版权所有，侵权必究。

主页信息

关于本书的最新信息，可查阅以下网址。

http://www.hyuki.com/math/

该网址出自作者的个人主页。

关于本书的意见、感想和勘误信息，可通过以下网址提交。

https://www.ituring.com.cn/book/2723

本书中出现的系统名和商品名等一般为各公司的商标或注册商标。

正文中一概省略了 TM、® 等标识。

© 2018　包括程序在内的本书所有内容都受著作权法保护。未经作者、发行者许可，不得擅自复制、复印。

前　言

大家好！我是结城浩。欢迎阅读《程序员的数学》。

本书是为程序员朋友们写的数学书。

编程的基础是计算机科学，而计算机科学的基础是数学。因此，学习数学有助于巩固编程的基础，写出健壮的程序。

有的读者可能会说"但我数学不好啊"。特别是很多读者"一碰到算式就跳过不读"。坦率而言，我自己遇到书中的算式也想跳过不看。

本书尽可能减少了"大家不想看的算式"，也没有过多的定义、定理和证明。[①]

这是为帮助程序员更容易理解编程而写的书。希望你能通过本书学到有助于编程的"数学思维"。

数学思维示例

学习"数学思维"说起来太抽象了，我们来举些具体的例子。

【条件分支和逻辑】

在编程时，我们按照条件将处理方法分为多个"分支"。对此，C 语言和 Java 语言等很多编程语言中使用的是 if 语句。具体方法为：当满足条件时执行这条语句，不满足条件时执行另一条语句。这时，我们就使用了数学领域的"逻辑"来控制程序。因此，编程时必须熟练掌握"与""或""非""蕴涵"等逻辑构成元素。

【循环和数学归纳法】

我们在处理大量的信息时，使用程序进行"循环"操作。比如使用 for 语句可以循环处理大量数据。循环中使用的就是"数学归纳法"。

【分类和计数方法】

在将许多条件和数据"分类"时，程序员必须注意不能有遗漏。这时加法法则、乘法法则、排列、组合等"计数方法"将助你一臂之力。这是程序员应该熟记于心的数学工具。

通过本书，也可以学到递归、指数、对数、余数等重要的基础数学概念。

---

① 附录除外，其中介绍了一些算式。

人类和计算机的共同战线

我们写程序是为了解决人类解决不了的问题。程序员理解问题，编写程序；计算机运行程序，解决问题。

人类不擅长重复劳动，很容易厌倦，有时还会出错，但人类擅长解决问题。与此相对，计算机擅长重复劳动，但不能自行解决问题。

于是，人机合力，如虎添翼。

遇到难题，光靠人类不能解决，光靠计算机也不能解决。而人机合力就能解决问题。这也是本书要传达的主旨之一。

不过，编写程序也非易事，无论人类和计算机如何齐心合力，总有解决不了的问题。本书也对人类和计算机的极限进行了分析。

希望你在读完本书后能对以程序为媒介的人机合作有更深刻的理解。

本书面向的读者

本书主要面向的读者是程序员。不过若你对编程或数学感兴趣，读起来也会一样有意思。

你不需要精通数学。除附录以外，书中不会出现 Σ 和 $\int$ 等很难的算式，因此自认为数学不太好的读者也完全可以阅读。阅读本书只需要具备四则运算（$+-\times\div$）和乘方（$2^3 = 2 \times 2 \times 2$）等基础知识。除此以外的知识在书中皆有说明。

如果你对数字和逻辑感兴趣，可能会更喜欢本书。

你也不需要精通编程。不过如果稍有一些编程经验，可能会更容易理解本书内容。书中有个别例子是用 C 语言写的程序，不过即使不懂 C 语言也不妨碍理解。

本书结构

本书各章内容可以按任意顺序阅读，但我推荐从第 1 章开始按顺序阅读。

第 1 章对 0 进行讨论，以按位计数法为核心，学习如何用 0 来简化规则，并对"无即是有"的意义进行了思考。

第 2 章学习使用逻辑来整理烦琐的内容，介绍逻辑表达式、真值表、德摩根定律、三值逻辑、卡诺图等。

第 3 章讨论余数。我们要记住"余数就是分组"的观点。对于一些难题，有时只要找到周期性规律就能解决。

第 4 章学习数学归纳法。数学归纳法只需要两个步骤就能证明无穷的断言。这一章还会举例介绍使用循环不变式写出正确的循环。

第 5 章学习排列组合等计数方法。计数的关键在于"认清对象的性质"。

第 6 章学习自己定义自己的递归，通过汉诺塔、斐波那契数列、分形图形等，练习从复杂事物中发现递归结构。

第 7 章学习指数爆炸。计算机也很难解决含有指数爆炸的问题。我们将在这里思考研究如何将指数爆炸为我所用，解决大型问题。另外这一章还将以二分法检索为例，学习将问题空间一分为二的意义。

第 8 章以停机问题为例，来说明许多程序上的问题是计算机如何发展都解决不了的。这一章也会学到反证法和对角论证法。

第 9 章回顾本书学习内容，思考人类全面把握结构的能力对解决问题有多大帮助，以及人机协作具有何种意义。

附录学习近年备受关注的机器学习中的几个基本概念。

致谢

首先要感谢马丁·加德纳。小时候我痴迷于阅读您所著的《数学游戏》，至今仍记忆犹新。此外，还要感谢支持我的广大读者和为我祈祷的基督教朋友们。

以下各位为本书提出了宝贵建议并给予了极大帮助，在此深表谢意（按日语五十音图顺序）：天野胜、石井胜、岩泽正树、上原隆平、佐藤勇纪、武笠夏子、前原正英、三宅喜义。

特别感谢在本书编写过程中给予我极大关怀和支持的 SoftBank 出版有限公司的野泽喜美男主编。

感谢一直鼓励我的爱妻和两个儿子。

本书献给在餐桌上教我方程式乃至微积分的父亲。父亲，谢谢您！

结城浩
2005 年 2 月

写于第 2 版发行之际

近几年，机器学习、深度学习和人工智能等词越来越频繁地出现在人们的生活中。关注机器学习的人也越来越多。

不过，机器学习与编程和数学都有着密切关系，而且该领域发展迅速、涉及面广，所以也有不少人对它敬而远之。

于是第 2 版增加了新的附录"迈向机器学习的第一步"。在附录中，我会逐一介绍机器学习中的基本概念。

虽然本书秉承"尽量不用算式"的方针，但在新增的附录中，会介绍一些简单的算式并在讲解概念时加以运用。如果不能熟悉算式的用法，那么即使是通俗易懂的内容，看起来也会觉得很难。看到算式就拒绝思考那就太可惜了，因为算式并不可怕。

愿本书新增的附录能引领大家走出迈向机器学习的第一步。

结城浩
2017 年 12 月于横滨

目　录

第 2 章	逻辑

——真与假的二元世界

第 3 章 余数
—— 周期性和分组

第 4 章　数学归纳法
——如何征服无穷数列

第 5 章 排列组合
——解决计数问题的方法

第 6 章　递归

——自己定义自己

第 7 章

指数爆炸
——如何解决复杂问题

第 8 章 不可解问题
——不可解的数、无法编写的程序

第 9 章　什么是程序员的数学
——总结篇

附录　迈向机器学习的第一步

CHAPTER 1

第 **1** 章

0 的故事
——无即是有

◎ 课前对话

老师: 1, 2, 3 的罗马计数法是 I, II, III。

学生: 这样做加法很简单嘛。I + II, 只要将 3 个 I 并排写就行了。

老师: 不过 II + III 可不是 IIIII, 而是 V 噢!

学生: 啊, 是这样啊!

老师: 没错, 如果数目变大, 那数起来可就费劲啦!

本章学习内容

本章将学习有关"0"的内容。

首先, 介绍一下我们人类使用的 10 进制和计算机使用的 2 进制, 再讲解按位计数法, 一起来思考 0 所起的作用。乍一看, 0 仅仅是表示"什么都没有"的意思, 而实际上它具有创建模式、简化并总结规则的重要作用。

小学一年级的回忆

以下是小学一年级时发生的事, 我依然记忆犹新。

"下面请打开本子, 写一下'十二'。"老师说道。于是, 我翻开崭新的本子, 紧握住削尖了的铅笔, 写下了这样大大的数字。

$$102$$

老师走到我跟前, 看到我的本子, 面带微笑亲切地说:"写得不对, 应该写成 12。"

当时我是听到老师说"十二", 才写下了 10 和 2。不过那样是不对的。众所周知, 现在我们把"十二"写作 12。

而在罗马数字中, "十二"写作 XII。X 表示 10, I 表示 1。II 则表示两个并排的 1, 即 2。也就是说, XII 是由 X 和 II 组成的。

如同"十二"可以写作 12 和 XII, 数字有着各种各样的计数法。12 是阿拉伯数字的计数法，而 XII 是罗马数字的计数法。无论采用哪种计数法，所表达的"数字本身"并无二致。下面我们就来介绍几种计数法。

10 进制计数法

下面介绍 10 进制计数法。

什么是 10 进制计数法

我们平时使用的是 10 进制计数法。

· 使用的数字有 0, 1, 2, 3, 4, 5, 6, 7, 8, 9 共 10 种 [①]
· 数位有一定的意义，从右往左分别表示个位、十位、百位、千位……

以上规则在小学数学中都学到过，日常生活中也一直在用，是众所周知的常识。
在此权当复习，后面我们将通过实例来了解一下 10 进制计数法。

分解 2503

首先，我们以 2503 这个数为例。2503 表示的是由 2, 5, 0, 3 这 4 个数字组成的一个称作 2503 的数。

这样并排的数字，因数位不同而意义相异。

· 2 表示"1000 的个数"
· 5 表示"100 的个数"
· 0 表示"10 的个数"
· 3 表示"1 的个数"

① 这里的"种"指的是数字的种类，用来说明 10 进制和 2 进制中数字复杂程度的差异。如 2561 中包含 4 种数字，而 1010 中只包含 2 种数字。——译者注

综上所述，2503 这个数是 2 个 1000、5 个 100、0 个 10 和 3 个 1 累加的结果。

用数字和语言来冗长地说明有些无趣，下面就用图示来表现。

$$2_{\times 1000} + 5_{\times 100} + 0_{\times 10} + 3_{\times 1}$$

如图，将数字的字体大小加以区别，各个数位上的数字 2, 5, 0, 3 的意义便显而易见了。

1000 是 $10 \times 10 \times 10$，即 10^3（10 的 3 次方），100 是 10×10，即 10^2（10 的 2 次方）。因此，也可以写成如下形式（请注意箭头所示部分）。

$$2_{\times 10^3} + 5_{\times 10^2} + 0_{\times 10} + 3_{\times 1}$$

再则，10 是 10^1（10 的 1 次方），1 是 10^0（10 的 0 次方），所以还可以写成如下形式。

$$2_{\times 10^3} + 5_{\times 10^2} + 0_{\times 10^1} + 3_{\times 10^0}$$

千位、百位、十位、个位，分别可称作 10^3 的位、10^2 的位、10^1 的位、10^0 的位。10 进制计数法的数位全都是 10^n 的形式。这个 10 称作 10 进制计数法的**基数**或**底**。

基数 10 右上角的数——**指数**，是 3, 2, 1, 0 这样有规律地顺次排列的，这点请记住。

$$\overset{3}{2_{\times 10^3}} + \overset{2}{5_{\times 10^2}} + \overset{1}{0_{\times 10^1}} + \overset{0}{3_{\times 10^0}}$$

2 进制计数法

下面讲解 2 进制计数法。

什么是 2 进制计数法

计算机在处理数据时使用的是 2 进制计数法。从 10 进制计数法类推，便可很快掌握它的规则。

· 使用的数字只有 0 和 1，共 2 种

· 从右往左分别表示 1 位、2 位、4 位、8 位……

用 2 进制计数法来数数，首先是 0，然后是 1，接下去……不是 2，而是在 1 上面进位变成 10，继而是 11, 100, 101, …。

表 1-1 展示了 0 到 99 的数的 10 进制计数法和 2 进制计数法。

表 1-1 **0 到 99 的数的 10 进制计数法和 2 进制计数法**

10 进制	2 进制	10 进制	2 进制	10 进制	2 进制	10 进制	2 进制	10 进制	2 进制
0	0	20	10100	40	101000	60	111100	80	1010000
1	1	21	10101	41	101001	61	111101	81	1010001
2	10	22	10110	42	101010	62	111110	82	1010010
3	11	23	10111	43	101011	63	111111	83	1010011
4	100	24	11000	44	101100	64	1000000	84	1010100
5	101	25	11001	45	101101	65	1000001	85	1010101
6	110	26	11010	46	101110	66	1000010	86	1010110
7	111	27	11011	47	101111	67	1000011	87	1010111
8	1000	28	11100	48	110000	68	1000100	88	1011000
9	1001	29	11101	49	110001	69	1000101	89	1011001
10	1010	30	11110	50	110010	70	1000110	90	1011010
11	1011	31	11111	51	110011	71	1000111	91	1011011
12	1100	32	100000	52	110100	72	1001000	92	1011100
13	1101	33	100001	53	110101	73	1001001	93	1011101
14	1110	34	100010	54	110110	74	1001010	94	1011110
15	1111	35	100011	55	110111	75	1001011	95	1011111
16	10000	36	100100	56	111000	76	1001100	96	1100000
17	10001	37	100101	57	111001	77	1001101	97	1100001
18	10010	38	100110	58	111010	78	1001110	98	1100010
19	10011	39	100111	59	111011	79	1001111	99	1100011

分解 1100

在此，我们以用 2 进制表示为 1100 的数为例来探其究竟。

$$\boxed{1}\ \boxed{1}\ \boxed{0}\ \boxed{0}$$

和10进制计数法一样，并排的数字，各个数位都有不同的意义。从左往右依次如下所示。

·1 表示 "8 的个数"

·1 表示 "4 的个数"

·0 表示 "2 的个数"

·0 表示 "1 的个数"

也就是说，2 进制的 1100 是 1 个 8、1 个 4、0 个 2 和 0 个 1 累加的结果。这里出现的 8, 4, 2, 1，分别表示 $2^3, 2^2, 2^1, 2^0$。即 2 进制计数法的 1100，表示如下意思。

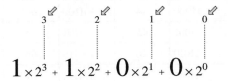

$$1 \times 2^3 + 1 \times 2^2 + 0 \times 2^1 + 0 \times 2^0$$

如此计算就能将 2 进制计数法的 1100 转换为 10 进制计数法。

$$
\begin{aligned}
1 \times 2^3 + 1 \times 2^2 + 0 \times 2^1 + 0 \times 2^0 &= 1 \times 8 + 1 \times 4 + 0 \times 2 + 0 \times 1 \\
&= 8 + 4 + 0 + 0 \\
&= 12
\end{aligned}
$$

由此可以得出，2 进制的 1100 若用 10 进制计数法来表示，则为 12。

基数转换

接下来我们试着将 10 进制的 12 转换为 2 进制（图 1-1）。这需要将 12 反复地除以 2（12 除以 2，商为 6；6 再除以 2，商为 3；3 再除以 2……），并观察余数为 "1" 还是 "0"。余数为 0 则表示 "可以除尽"。随后再将每步所得的余数的列（1 和 0 的列）逆向排列，由此就得到 2 进制表示了。

图 1-1 **用 2 进制表示 12**

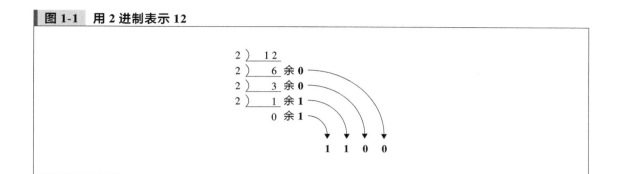

同样地，我们试着将 10 进制的 2503 转换为 2 进制计数法（图 1-2）。

图 1-2 **用 2 进制表示 2503**

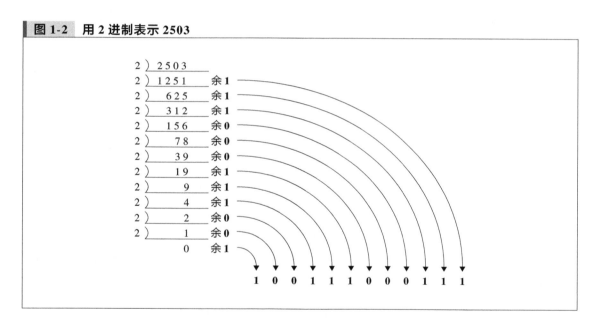

我们从图 1-2 可以知道 2503 用 2 进制表示为 100111000111。各个数位的权重如下。

$$1 \times 2^{11} + 0 \times 2^{10} + 0 \times 2^9 + 1 \times 2^8 + 1 \times 2^7 + 1 \times 2^6 + 0 \times 2^5 + 0 \times 2^4 + 0 \times 2^3 + 1 \times 2^2 + 1 \times 2^1 + 1 \times 2^0$$

在 10 进制中，基数为 10，各个数位是以 10^n 的形式表现的。在 2 进制中，基数为 2，各个数位是以 2^n 的形式表现的。从 10 进制计数法转换为 2 进制计数法，称作 10 进制至 2 进制的**基数转换**。

计算机中为什么采用 2 进制计数法

计算机中一般采用 2 进制计数法，我们来思考一下原因。计算机在表示数的时候，会使用以下两种状态。

· 开关切断状态

· 开关连通状态

虽说是开关，但实际上并不需要机械部件，你可以将它想象成由电路形成的"电子开关"。总之，它能够形成两种状态。这两种状态，分别对应 0 和 1 这两个数字。

· 开关切断状态 ··· 0

· 开关连通状态 ··· 1

1 个开关可以用 0 或 1 来表示，如果有许多开关，就可以表示为许多个 0 或 1。你可以想象这里排列着许多开关，各个开关分别表示 2 进制中的各个数位。这样一来，只要增加开关的个数，不管是多大的数都能表示出来。

当然，做成能够表示 0 ~ 9 这 10 种状态的开关，进而让计算机采用 10 进制计数法，这在理论上也是可能的。但是，与 0 和 1 的开关相比，必定有更为复杂的结构。

另外，请比较一下图 1-3 和图 1-4 所示的加法表。2 进制的表比 10 进制的表简单得多吧？若要做成 1 位加法的电路，采用 2 进制要比 10 进制更为简便。

不过，比起 10 进制，2 进制的位数会增加许多，这是它的缺点。例如，在 10 进制中 2503 只有 4 位，而在 2 进制中要表达同样的数则需要 100111000111 共 12 位数字。这点从表 1-1 中也显而易见。

人们觉得 10 进制比 2 进制更容易处理，是因为 10 进制计数法的位数少，计算起来不容易发生错误。此外，比起 2 进制，采用 10 进制能够简单地通过直觉判断出数值的大小。人的两手加起来共有 10 个指头，这也是 10 进制更容易理解的原因之一。

图 1-3 10 进制的加法表

+	0	1	2	3	4	5	6	7	8	9
0	0	1	2	3	4	5	6	7	8	9
1	1	2	3	4	5	6	7	8	9	10
2	2	3	4	5	6	7	8	9	10	11
3	3	4	5	6	7	8	9	10	11	12
4	4	5	6	7	8	9	10	11	12	13
5	5	6	7	8	9	10	11	12	13	14
6	6	7	8	9	10	11	12	13	14	15
7	7	8	9	10	11	12	13	14	15	16
8	8	9	10	11	12	13	14	15	16	17
9	9	10	11	12	13	14	15	16	17	18

图 1-4 2 进制的加法表

+	0	1
0	0	1
1	1	10

不过，因为计算机的计算速度非常快，位数再多也没有关系。而且计算机不会像人类那样发生计算错误，不需要靠直觉把握数值的大小。对于计算机来说，处理的数字种类少、计算规则简单就最好不过了。

让我们来总结一下。

· 在 10 进制计数法中，位数少，但是数字的种类多

　　→ 对人类来说，这种比较易用

· 在 2 进制计数法中，数字的种类少，但是位数多

　　→ 对计算机来说，这种比较易用

鉴于上述原因，计算机采用了 2 进制计数法。

人类使用 10 进制计数法，而计算机使用 2 进制计数法，因此计算机在执行人类发出的任务时，会进行 10 进制和 2 进制间的转换。计算机先将 10 进制转换为 2 进制，用 2 进制进行计算，再将所得的 2 进制计算结果转换为 10 进制（图 1-5）。

图 1-5 人类使用计算机进行计算的情形

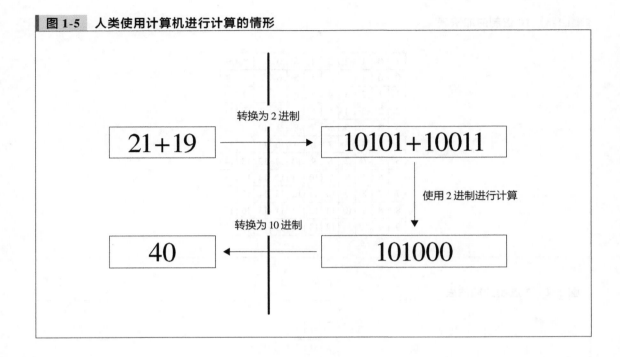

按位计数法

下面来介绍按位计数法。

什么是按位计数法

我们学习了 10 进制和 2 进制两种计数法，这些方法一般称作**按位计数法**。除了 10 进制和 2 进制以外，还有许多种类的按位计数法。在编程中，也常常使用 8 进制和 16 进制计数法。

● **8 进制计数法**

8 进制计数法的特征如下。

· 使用的数字有 0, 1, 2, 3, 4, 5, 6, 7 共 8 种
· 从右往左分别为 8^0 的位、8^1 的位、8^2 的位、8^3 的位……（基数是 8）

● **16 进制计数法**

16 进制计数法的特征如下。

· 使用的数字有 0, 1, 2, 3, 4, 5, 6, 7, 8, 9, A, B, C, D, E, F 共 16 种
· 从右往左分别为 16^0 的位、16^1 的位、16^2 的位、16^3 的位……（基数是 16）

在 16 进制计数法中，使用 A, B, C, D, E, F（有时也使用小写字母 a, b, c, d, e, f）来表示 10 以上[①]的数字。

● ***N* 进制计数法**

一般来说，*N* 进制计数法的特征如下。

· 使用的数字有 0, 1, 2, 3, $\cdots$, $N-1$，共 *N* 种
· 从右往左分别为 N^0 的位、N^1 的位、N^2 的位、N^3 的位……（基数是 *N*）

例如，*N* 进制计数法中，4 位数 $a_3 a_2 a_1 a_0$ 为

$$a_3 \times N^3 + a_2 \times N^2 + a_1 \times N^1 + a_0 \times N^0 \quad (a_3, a_2, a_1, a_0 \text{ 是 } 0 \sim N-1 \text{中的数字})。$$

不使用按位计数法的罗马数字

按位计数法在生活中最为常见，因此人们往往认为这种方法是理所当然的。实际上，在我们身边也有不使用按位计数法的例子。

例如，**罗马计数法**。

罗马数字至今还常常出现在钟表表盘上（图 1-6）。

图 1-6　使用罗马数字的钟表表盘

---

① 本书中的"以上""以下"皆包含本数。——编者注

还有，在电影最后放映的演职员名单中，也会出现表示年号的 MCMXCVIII 等字母。这也是罗马数字。

罗马计数法的特征如下。

- 数位没有意义，只表示数字本身
- 没有 0
- 使用 I（1）、V（5）、X（10）、L（50）、C（100）、D（500）、M（1000）来记数
- 将并排的数字加起来，就是所表示的数

例如，3 个并排的 I（III）表示 3，并排的 V 和 I（VI）表示 6，VIII 表示 8。

罗马数字的加法很简单，只要将罗马数字并排写就可以得到它们的和。比如，要计算 1 + 2，只要将表示 1 的 I 和表示 2 的 II 并排写作 III 就行了。但是，数字多了可就不太简单了。

例如，计算 3 + 3 并不是把 III 和 III 并排写作 IIIIII，而是将 5 单独拿出来写作 V，所以 6 就应该写作 VI。CXXIII（123）和 LXXVIII（78）的加法，也不能仅仅并排写作 CXXIIILXXVIII，而必须将 IIIII 转换为 V，VV 转换为 X，XXXXX 转换为 L，再将 LL 转换为 C，如此整理最后得到 CCI（201）。在"整理"罗马数字的过程中，必须进行与按位计数法的进位相仿的计算。

罗马计数法中还有"减法规则"。例如 IV，在 V 的左侧写 I，表示 5 − 1，即 4（在钟表表盘上，由于历史原因也有将 4 写作 IIII 的）。

让我们试着将罗马数字的 MCMXCVIII 用 10 进制来表示。

$$
\begin{aligned}
\text{MCMXCVIII} &= (M) + (CM) + (XC) + (V) + (III) \\
&= (1000) + (1000 - 100) + (100 - 10) + (5) + (3) \\
&= 1998
\end{aligned}
$$

可以发现，MCMXCVIII 表示的就是 1998。罗马数字真是费劲啊！

指数法则

10 的 0 次方是什么

在 10 进制的说明中，我们讲过"1 是 10^0（10 的 0 次方）"，即 $10^0 = 1$。

也许有些读者会产生以下疑问。

10^2 是 "2 个 10 相乘"，那么 10^0 不就是 "0 个 10 相乘" 吗？这样的话，不应该是 1，而是 0 吧？

这个问题的核心在哪里呢？我们来深入思考一下。问题在于 "10^n 是 n 个 10 相乘" 这部分。在说 "n 个 10 相乘" 时，我们自然而然会把 n 想作 1, 2, 3, …。因此，在说 "0 个 10 相乘" 时，却不知道应该如何正确理解它的意义。

那么，暂且抛却 "n 个 10 相乘" 这样的定义方式吧。**我们从目前掌握的知识来类推，看看如何定义 10^0 比较妥当。**

众所周知，10^3 是 1000，10^2 是 100，10^1 是 10。

将这些等式放在一起，寻找它们的规律。

$$
\begin{aligned}
10^3 &= 1000 \\
10^2 &= 100 \\
10^1 &= 10 \\
10^0 &= ?
\end{aligned}
\quad
\begin{aligned}
&\text{10分之1} \\
&\text{10分之1} \\
&\text{10分之1}
\end{aligned}
$$

每当 10 右上角的数（指数）减 1，数值就变为原先的 10 分之 1。因此，10^0 就是 1。综上所述，在定义 10^n（n 包括 0）的值时可以遵循以下规则：

指数每减 1，数值就变为原来的 10 分之 1。

10^{-1} 是什么

不要将思维止步于 10^0 之处。对于 10^{-1}（10 的 -1 次方），让我们同样套用这一规则（指数每减 1，数值就变为原来的 10 分之 1）。

$$
\begin{aligned}
10^0 &= 1 \\
10^{-1} &= \frac{1}{10} \\
10^{-2} &= \frac{1}{100} \\
10^{-3} &= \frac{1}{1000} \\
&\vdots
\end{aligned}
\quad
\begin{aligned}
&\text{10分之1} \\
&\text{10分之1} \\
&\text{10分之1}
\end{aligned}
$$

规则的扩展

让我们做一个小结。

我们学习了 10^n 计数法的相关内容。

起初，我们把 n 为 $1, 2, 3, \cdots$ 时，即 $10^1, 10^2, 10^3, \cdots$ 想作 "1 个 10 相乘""2 个 10 相乘""3 个 10 相乘"……

然后，我们抛却了 "n 个 10 相乘" 的思维，寻找到了一个扩展规则：对于 10^n，n 每减 1，就变成原来的 10 分之 1。

当 n 为 0 时，若套用 "10^n 为 n 个 10 相乘" 的规则，着实比较费解。于是我们转而求助于 "n 每减 1，就变成原来的 10 分之 1" 的规则，定义出 10^0 是 1（因为 10^1 的 10 分之 1 就是 1）。

同样地，$10^{-1}, 10^{-2}, 10^{-3}, \cdots$ 的值（即 n 为 $-1, -2, -3, \cdots$ 时），也适用于这个扩展规则。

如此，对于所有的整数 n（$\cdots, -3, -2, -1, 0, 1, 2, 3, \cdots$），都能定义 10^n 的值。对于 10^{-3} 来说，"-3 个 10 相乘" 的思维并不直观。但倘若套用扩展规则，即使 n 是负数，也能 "定义出" 10 的 n 次方的值。

对 2^0 进行思考

让我们用思考 10^0 的方法，也思考一下 2^0 的值吧。

$$
\begin{aligned}
2^5 &= 32 \\
2^4 &= 16 \\
2^3 &= 8 \\
2^2 &= 4 \\
2^1 &= 2 \\
2^0 &= ?
\end{aligned}
\quad
\begin{matrix}
\text{2 分之 1} \\
\text{2 分之 1} \\
\text{2 分之 1} \\
\text{2 分之 1} \\
\text{2 分之 1}
\end{matrix}
$$

由此可知，对于 2^n 来说，n 每减 1，数值就变成原来的 2 分之 1。

2^1 的 2 分之 1 是 2^0，那么 $2^0 = 1$。

在这里我想强调的是，不要将 2^0 的值作为一种知识去记忆，我们更需要考虑的是，如何对 2^0 进行适当的定义，以期让规则变得更简单。这不是记忆力的问题，而是想象力的问题。请记住这种思维方式：以简化规则为目标去定义值。

2^{-1} 是什么

让我们参照 10^{-1} 的规则来思考 2^{-1}。2^0 除以 2，得到的是 2^{-1}，即 $2^{-1} = \frac{1}{2}$。

"2 的 −1 次方"在直觉上较难理解。鉴于规则的简单化和一致性，2 的 −1 次方可以定义为 $2^{-1} = \frac{1}{2}$。同理，$2^{-2} = \frac{1}{2^2}$，$2^{-3} = \frac{1}{2^3}$。

综上所述，可以总结出如下等式。

$$10^{+5} = 1 \times 10 \times 10 \times 10 \times 10 \times 10$$
$$10^{+4} = 1 \times 10 \times 10 \times 10 \times 10$$
$$10^{+3} = 1 \times 10 \times 10 \times 10$$
$$10^{+2} = 1 \times 10 \times 10$$
$$10^{+1} = 1 \times 10$$
$$10^{0} \ = 1$$
$$10^{-1} = 1 \div 10$$
$$10^{-2} = 1 \div 10 \div 10$$
$$10^{-3} = 1 \div 10 \div 10 \div 10$$
$$10^{-4} = 1 \div 10 \div 10 \div 10 \div 10$$
$$10^{-5} = 1 \div 10 \div 10 \div 10 \div 10 \div 10$$

$$2^{+5} = 1 \times 2 \times 2 \times 2 \times 2 \times 2$$
$$2^{+4} = 1 \times 2 \times 2 \times 2 \times 2$$
$$2^{+3} = 1 \times 2 \times 2 \times 2$$
$$2^{+2} = 1 \times 2 \times 2$$
$$2^{+1} = 1 \times 2$$
$$2^{0} \ = 1$$
$$2^{-1} = 1 \div 2$$
$$2^{-2} = 1 \div 2 \div 2$$
$$2^{-3} = 1 \div 2 \div 2 \div 2$$
$$2^{-4} = 1 \div 2 \div 2 \div 2 \div 2$$
$$2^{-5} = 1 \div 2 \div 2 \div 2 \div 2 \div 2$$

看了上面的等式之后，你应该就更能体会 10^0 和 2^0 为什么都等于 1 了吧。

对前面所说的规则进行归纳就可以得到"**指数法则**"。指数法则的表达式如下。

$$N^a \times N^b = N^{a+b}$$

即"N 的 a 次方乘以 N 的 b 次方，等于 N 的 $a+b$ 次方"法则（但 $N \neq 0$）。有关指数法则的内容，在第 7 章也会谈到。

0 所起的作用

0 的作用：占位

这节我们来讨论 0 的作用。例如，用 10 进制表示的 2503，它当中的 0 起到了什么作用呢？2503 的 0，表示十位"没有"。虽说"没有"，但这个 0 却不能省略。因为如果省略了 0，写成 253，那就变成另一个数了。

在按位计数法中，数位具有很重要的意义。即使十位的数字"没有"，也不能不写数字。这时就轮到 0 出场了，即 0 的作用就是**占位**。换言之，0 占着一个位置以保证数位高于它的数字不会产生错位。

正因为有了表示"没有"的 0，数值才能正确地表示出来。可以说在按位计数法中 0 是不可或缺的。

0 的作用：统一标准，简化规则

在按位计数法的讲解中，我们提到了"0 次方"，还将 1 特意表示成 10^0。使用 0，能够将按位计数法的各个数位所对应的大小统一表示成

$$10^n$$

否则，就必须特别处理"1"这个数。0 在这里起到了标准化的作用。

如果从高到低各个数位的数字依次为 $a_n, a_{n-1}, a_{n-2}, \cdots, a_2, a_1, a_0$，那么 10 进制的按位计数法就能用以下表达式来表示。

$$\boxed{a_n \times 10^n} + \boxed{a_{n-1} \times 10^{n-1}} + \boxed{a_{n-2} \times 10^{n-2}} + \cdots + \boxed{a_2 \times 10^2} + \boxed{a_1 \times 10^1} + \boxed{a_0 \times 10^0}$$

按位计数法的各个数位也能统一写作如下形式。

$$a_k \times 10^k$$

请注意：a_k 右下角的 k 和 10^k 的指数 k 是一致的。

在上述表达式中，设 $n = 3$，$a_3 = 2$，$a_2 = 5$，$a_1 = 0$，$a_0 = 3$，最后的结果是 2503。

通过 0 来明示"没有"，能够使规则简单化。在许多情况下，规则越简单越好。当你在面对问题的时候，是否也可以借助 0 来使问题简单化呢？请想一想吧。

▍日常生活中的 0

在我们的日常生活中，有时也会遇到像 0 那样表示"没有"的情况。

● 没有计划的计划

我们常常使用日程表来管理计划。在日程表中填入"案头工作""出差""研讨会"等计划。那么，和"0"相当的计划是什么呢？

例如，我们可以将没有计划的状况设定成"空计划"。通过在计算机的日程表中搜索"空计划"，就能找到没有计划的日期。这样一来，我们就既能搜索已有的计划，又能搜索"空计划"了。

还有，我们也可以将"预计不安排计划（即，将该时间空出来）"当作 0 来考虑。在日程表中先将"预计不安排计划"的日程填写占位，然后再填写需要安排工作的日程。这样就不至于引起混乱。这正好与按位计数法中的 0 起到的占位作用相似。

● 没有药效的药

假设现在必须有规律地服用一种胶囊，每隔 3 天停用 1 次。也就是服用 3 天，停用 1 天，接着再服用 3 天，停用 1 天。一直按照这种周期循环服药，有难度吧？

灵机一动，妙法自然来。那就是每天都吃药。只是，每 4 粒药中有 1 粒是"没有药效"的假胶囊。事先准备好标有日期的盒子，并在其中放入每天需要服用的药，会更加方便（图 1-7）。

图 1-7　事先将"假胶囊"放入标有日期的盒子里

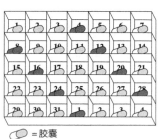

这样一来，就无须判断"今天是服药日还是停药日"了。正因为有了"没有"药效的药，才形成了"每天服用 1 粒胶囊"的简单规则。[①]

由此可见，这时的假胶囊与按位计数法中"0"所起的作用相同。

人类的极限和构造的发现

重温历史进程

现今，10 进制计数法已经深深地融入了我们的生活。然而，这个过程经历了长达几千年的历史，涉及全世界的各式文明。下面我们就来快速回顾一下数字表示法的这段历史吧。

古埃及人使用 5 进制和 10 进制混合的计数法。5 和 10 为一个单元，用记号标识。但是，他们的计数法不是按位计数法，当然也不存在 0 了。古埃及人将数字记在一种**纸莎草纸**（papyrus）上面。

巴比伦人在**黏土板上**用楔形记号来表示数。他们使用表示 1 和 10 的两种楔形记号来表示 1~59，并通过记号的所在位置来表示 60^n 的数位。由此，10 进制和 60 进制混合的**按位计数法**就诞生了。现在通用的 1 小时为 60 分钟、1 分钟为 60 秒的时间换算就是源于巴比伦的**60 进制计数法**。黏土板和纸莎草纸有所不同，很难在上面书写多种不同的记号，因此巴比伦人需要以尽可能少的记号来表示数。换句话说，也许正是因为黏土板的硬件限制，才促成了按位计数法的产生。

古希腊人不仅仅把数字当作运算工具，还在其中注入哲学真理。他们将图形、宇宙、音乐与数字相关联。

玛雅人数数时从 0 开始，使用的是 20 进制计数法。

罗马人使用 5 进制和 10 进制混用的罗马数字。以 5 为一个单元，记作 V。以 10 为一个单元，记作 X。同样，将 50, 100, 500, 1000 分别记作 L, C, D, M。诸如 IV 表示 4，IX 表示 9，XL 表示 40 等，将数字列在左侧作为减法的表示法是后来制定的，古罗马时并不这样使用。

印度人在引进巴比伦的按位计数法的同时，清楚地认识到 0 也是数字。而且，他们采用

[①] 例如，口服避孕药每服用 21 天，须停用 7 天。在 28 粒一组的药片中，有 7 粒实际上是毫无药效的安慰剂。这样使用者就不用特意去记服药的日期了。

的是 **10 进制计数法**。现在我们使用的 0, 1, 2, 3, 4, 5, 6, 7, 8, 9，被称为 **阿拉伯数字而不是印度数字**，也许是因为将印度数字传入西欧的是阿拉伯学者吧。

光是讨论数的表示法，就已涉及如此众多的国家和文明了。

为了超越人类的极限

这里，我们稍微思考一下更深层次的问题。**为什么人类需要发明计数法**呢？

在罗马数字中，将 1, 2, 3 记作 I, II, III，将 4 写作 IIII 或 IV，5 写作 V。不过，将 5 记作 IIIII 好像也可以，却又为何不那么做呢？

答案显而易见：在这种表示方法下，**数越大就越难处理**。比如，IIIIIIIII 和 IIIIIIIIII 哪个大？不能马上得知。而 X 和 XI 就能马上比较得出孰大孰小。如果光将 I 排成一排，在要表示较大的数字时就非常不便了。因此先贤们创造出了"单元"的概念。

为了表示较大的数而创造出"单元"的概念，看似是一件非常理所当然的事情。而实际上这里却给了我们极其重要的启发。要表示"十二"，比起 IIIIIIIIIIII，用 XII 比较方便。若使用按位计数法，写成"12"则更方便。我们可以从中获得哪些启发呢？

那就是：**将大问题分解为小"单元"**。

如何高效地表示一个较大的数，对于古代的先人们来说是个重要的问题。对此历史给出了两种方法：单元计数法和按位计数法。由于人类的能力有限，因此必须开动脑筋，想出简便的计数法。如果人类对数有更高的认知能力，就不会发展出以"单元"表示的计数法了吧。

如今，人类发展到了能够发射火箭、分析基因信息和处理互联网上大量信息的阶段，我们要处理的数据呈爆炸性增长。这样，按位计数法也显得力不从心了。1000000000000 和 10000000000000 哪个大呢？很难一眼就看出来。这时，指数表示法显得异常重要。

刚才的两个数若写作 10^{12} 和 10^{13}，便能一眼看出后者较大。指数表示法是着眼于 0 的个数的计数法。

问题不光停留在计数法上。在现代，我们使用计算机来解决人类难以处理的大规模问题。我们竭尽全力地编写程序，绞尽脑汁地思考如何在短时间内解决大规模问题。"将大问题分解为小'单元'"的解决办法，至今依然适用。"要解决大问题，就将它分解成多个小'单元'。如果小'单元'还是很大，那就继续分解成更小的'单元'，直到问题最终解决。"这种方法至今依然通用。比如在编写大程序的时候，一般会分解成多个小程序（模块）来开发。

这里介绍的"问题分解法"是本书的主旨之一。这一主旨将会贯穿本书，渗透在各个小节中，请读者朋友们多加留意。

本章小结

本章通过按位计数法，思考了 0 所起的作用。0 虽然没有实际的数量，却起到了占位的作用。正因为有了 0，才能够实现简单的按位计数法。

另外，我们还学习了指数法则的相关内容。尤其是思考了如何定义 0 次方才更为妥当。一定要在保持简单规则的前提下扩展概念，请大家务必理解这点。

本章将焦点集中在"0"这个数字上展开讨论。下一章，我们将一起思考"一分为二"的相关内容。

◎ 课后对话

学生：乐谱上的休止符也像 0 呢。

老师：正是！它明确地表示不发音！

学生：0 与其说是"空"，还不如说是"填空"更恰当。因为它的作用是占位。

老师：说得对！这称作占位符。

学生：占位符？

老师：有了占位符才会产生模式，有了模式才会产生简单的规则。

学生：原来如此！正是通过 0 这个占位符，才能实现简单的按位计数法！

第 **2** 章

逻　辑
——真与假的二元世界

TRUE

FALSE

◎ 课前对话

技术员：这个水坝系统设计思路为按下紧急按钮或者水位高于危险水位时，警报器就会报警。

提问者：这个"或者"是排他的吗？

技术员：什么意思呢？

提问者：就是说，按下紧急按钮并且水位高于危险水位时会报警吗？

技术员：当然会啦！

*   *   *

发言者：他现在在大阪或者东京。

提问者：这个"或者"是排他的吗？

发言者：什么意思呢？

提问者：就是说，他有可能既在东京又在大阪吗？

发言者：这怎么可能呢！

本章学习内容

本章将学习逻辑的相关内容。

首先，简单讲述为什么逻辑对于程序员来说那么重要。其次，以巴士车费为例，学习相关规则的要点。接着，练习使用真值表、文氏图、逻辑表达式、卡诺图等，来解析复杂逻辑。最后，介绍包括未定义值在内的三值逻辑。

为何逻辑如此重要

逻辑是消除歧义的工具

我们平时使用的语言——自然语言，是极易产生歧义的。就连上述"课前对话"中的"或者"一词，也不是只有一个正确意义。然而，规格说明书（记述如何编写程序的文件）一般都是用自然语言描述的。因此，程序员必须走出自然语言歧义的迷宫，谨慎解读规格说明书，确定其正确的意义。

本章学习的"逻辑"，是消除自然语言歧义、严密准确地记述事物的工具。假如尝试使用逻辑语言（逻辑表达式）来重新解释规格说明书，有时就会发现其中存在歧义或矛盾的地方。另外，借助逻辑还能够将复杂的规格说明书转换成简单易懂的形式。

因此，清楚地理解和掌握逻辑，将其打造成手中的利器，是每个程序员的必修课。

致对逻辑持否定意见的读者

对程序员来说，运用逻辑思考问题至关重要。计算机可不管我们的喜怒哀乐，它总是按照逻辑运行。"程序，给我好好运行啊！"无论这样对它说多少次，逻辑上有错的程序都不会正确运行。反之，如果逻辑上正确，那么程序运行几百万次也不会出错，因此也不必担心程序不好好运行。程序是不为我们的情绪所动的。

很多人都觉得"逻辑冰冷且机械死板"。确实，逻辑有这种特征。但正因如此，它才有用。人类易被情绪左右，但计算机不同。正因为冰冷且机械死板，计算机才会一直稳定地运行，为我们所用。

程序员处于人类和计算机的分界线上。只要做到逻辑性的思考和表达，就不会为常识和情绪所困，从而写出符合要求的规格说明和程序。程序员应努力将问题转化为程序，让计算机有活可干。

下面来看些具体问题。

乘车费用问题——兼顾完整性和排他性

下面以巴士车费为例，学习逻辑的基本思路：兼顾完整性和排他性。

收费规则

某巴士公司 A 的乘车收费规则如下所示。

收费规则 A

6 岁以上的乘客	100 元
不到 6 岁的乘客	0 元

根据这个收费规则，13 岁的 Alice 的车费为 100 元，而 4 岁的 Bob 的车费为 0 元。那么，6 岁的 Charlie 的车费又是多少呢？因为 Charlie 属于"6 岁以上的乘客"，所以车费为 100 元（6 岁以上这个说法是包含 6 岁的）。

到这里为止，没有什么难点。

命题及其真假

为了便于理解后面的说明，这里先解释几个术语。

在收费规则 A 中，查询车费时，应先判断乘客的年龄是否在 6 岁以上。**能够判断对错的陈述句**叫作**命题**（proposition）。例如，下述语句都能判断对错，因此都是命题。

- Alice（13 岁）的年龄在 6 岁以上
- Bob（4 岁）的年龄在 6 岁以上
- Charlie（6 岁）的年龄在 6 岁以上

命题正确时，称该命题为"**真**"。反之，命题不正确时，称该命题为"**假**"。也将"真"称作 **true**，"假"称为 **false**。

上述 3 个命题的真假如下所示。

- Alice（13 岁）的年龄在 6 岁以上　　　…… 真（true）命题
- Bob（4 岁）的年龄在 6 岁以上　　　　…… 假（false）命题
- Charlie（6 岁）的年龄在 6 岁以上　　…… 真（true）命题

命题要么为 true 要么为 false。同时满足 true 和 false 的不能称为命题。既不为 true 也不为 false 的也不能称为命题。

我们在前面使用收费规则 A 查询车费时，通过乘客的年龄来判定"乘客的年龄为 6 岁以上"这个命题的真假。如果为真，那么车费为 100 元。如果为假，那么车费为 0 元。

以上我们学习了"命题""真"（true）、"假"（false）的概念。

有没有"遗漏"

在阅读前面的收费规则 A 时，需要确认一个重要问题：

有没有"遗漏"？

对于收费规则 A 来说，所谓的"没有遗漏"，即指不管针对哪个乘客，都能判定"乘客的年龄为 6 岁以上"这个命题的真假。

规则 A 中没有遗漏。虽然不知道是哪个乘客来乘车，但是任何人都有年龄，因此就能判定真假。

◆**思考题——有遗漏的规则**

请找出下述收费规则 B 的遗漏之处。

收费规则 B
（存在遗漏）

乘客的年龄大于 6 岁	100 元
乘客的年龄不到 6 岁	0 元

◆**思考题答案**

遗漏了乘客为 6 岁的情况。

收费规则 B 规定了乘客年龄"大于 6 岁"和"不到 6 岁"的费用，但是没有规定乘客"正好 6 岁"时的费用。由于存在这种"遗漏"，所以将规则 B 作为乘车收费规则是不恰当的。

有没有"重复"

不单单要确认规则中没有"遗漏"，还有一个问题同样重要：

有没有"重复"？

以收费规则为例，要确认该规则对于某位乘客是否有两种收费标准。

◆**思考题——有重复的规则**

请找出下述收费规则 C 的重复之处。

收费规则 C
（存在重复）

乘客的年龄在 6 岁以上	100 元
乘客的年龄在 6 岁以下	0 元

◆ **思考题答案**

当乘客为 6 岁时发生重复。

在收费规则 C 中，"6 岁以上"和"6 岁以下"都包含 6 岁。因此，这个规则中存在"重复"。而这两种情况下的费用各不相同，所以收费规则 C 是不恰当的。

这里要注意的一点是，只有当重复的部分互相矛盾时，该规则才不符合逻辑。在收费规则 D 中，整 6 岁的说明是多余的，但是并不与"6 岁以上"的说明矛盾。

收费规则 D
（存在重复，但不矛盾）

乘客的年龄在 6 岁以上	100 元
乘客的年龄为 6 岁	100 元
乘客的年龄不到 6 岁	0 元

画一根数轴辅助思考

确认没有"遗漏"和"重复"是相当重要的。在查看乘车收费规则这类说明时，除阅读文字外，最好像图 2-1 那样画一根数轴。

图 2-1　在数轴上表示收费规则 A

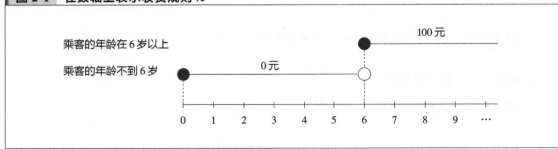

在图中，将命题"乘客的年龄在 6 岁以上"为真的年龄范围用 ●──── 来表示，为假的年龄范围用 ●────○ 来表示。记号 ● 表示包含该点，记号 ○ 表示不包含该点。这样一来，通过上图就能很方便地确认有没有"遗漏"和"重复"了。

收费规则 B 用图 2-2 来表示，可以看到两个重叠的 ○，说明其中存在"遗漏"。

图 2-2　收费规则 B 中有"遗漏"

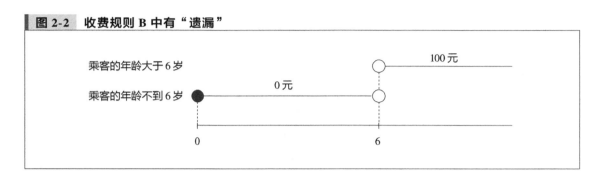

而在收费规则 C 中，有两个重叠的 ●，说明其中存在"重复"（图 2-3）。

图 2-3　收费规则 C 中有"重复"

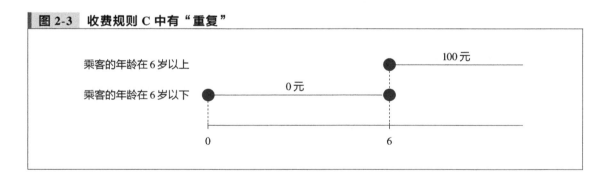

注意边界值

通过数轴，我们可以看到**边界值**是需要注意的。在本章举出的收费规则中，0 岁和 6 岁是边界所在。规格说明书的错误或程序员的错误，往往发生在边界值上。因此，在画数轴考虑问题的时候，必须清楚地指明包含不包含边界值，而不能画出像图 2-4 这样边界不清晰的图。

图 2-4　边界不清晰的图是无效的

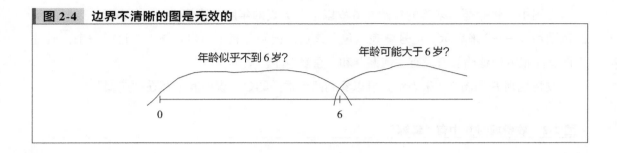

兼顾完整性和排他性

在考虑规则时，确认有没有"遗漏"和"重复"是相当重要的。

没有"遗漏"，即具备**完整性**，由此明确该规则无论在什么情况下都能适用。

没有"重复"，即具备**排他性**，由此明确该规则不存在矛盾之处。

在遇到大问题时，通常将其分解为多个小问题。这时常用的方法就是检查它的**完整性**和**排他性**。即使是难以解决的大问题，也能通过这种方法转换成容易解决的小问题。这种方法也称为 MECE（Mutually Exclusive and Collectively Exhaustive）。

使用 if 语句分解问题

假设现在要求以收费规则 A 为基础，开发显示乘车费用的程序。我们可以将这个问题分解成命题"乘客的年龄为 6 岁以上"为"真"和为"假"两部分（图 2-5）。

图 2-5　问题的分解

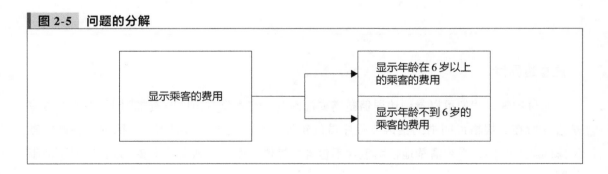

"显示年龄在 6 岁以上的乘客的费用"这一问题可以通过收费规则 A 很快解决。只要显示"费用为 100 元"就行。

"显示年龄不到 6 岁的乘客的费用"这一问题也可以通过收费规则 A 很快解决。只要显示"费用为 0 元"就行了。

将大问题"分解"为 2 个小问题，这是个关键点。

实际上，这种根据"命题的真假"来分解问题的方式，就是程序中常用的 if 语句。

```
if (乘客的年龄在6岁以上) {
    显示"费用为100元"
} else {
    显示"费用为0元"
}
```

if 语句的条件分支体现了"兼具完整性和排他性的分解"。

逻辑的基本是两个分支

说到这里，也许有些读者会想："你说的这些不是理所当然的嘛。"

熟练的程序员，并不用特意去想"完整性和排他性"也能写出 if 语句。他们迅速熟练地写出条件表达式，"刷"地一下就将条件为真和为假时的处理方法写好了。尤其是像这里所示的简单规则，用 if 语句写也只是三下五除二的事情。

但是程序员要写几十条、几百条 if 语句。即使每一条都很简单，但在错综复杂的 if 语句的组合中，只要稍微出点错，就会产生 bug。

因此，即使在编写简单的 if 语句时，也必须兼顾完整性和排他性。前面举的巴士收费规则的例子，就是希望大家能意识到"遗漏"和"重复"。

逻辑从根本上说是对完整性和排他性的组合表达。虽然完整性和排他性只是两个简单的特性，但存在于任何一个或简单或复杂的命题之中。

接下来，我们一起来学习复杂命题的写法及其解法。

建立复杂命题

并不是所有命题都纯粹而简单。有时为了表示出更为复杂的情形，需要建立复杂的命题。

我们来看一个稍复杂的命题："乘客的年龄不到 6 岁，并且乘车日不是星期日。"这个命题是由"乘客的年龄不到 6 岁"和"乘车日不是星期日"两个命题组成的。"乘客的年龄不到 6 岁，并且乘车日不是星期日"的正确与否是可以判定的，因此它确实可以称作命题。

本节，我们讲述一下通过组合命题来建立新命题的方法。

逻辑非——不是 A

我们以"乘车日是星期日"这个命题为基础，可以建立"乘车日**不是**星期日"的命题。建立这种"不是……"的命题的运算称作**非**，英语中用 not 表示。

假设某命题为 A，则 A 的逻辑非表达式如下。

$$\neg A \quad (\text{not } A)^{①}$$

●真值表

我们来为"不是 A"（即 ¬A）这个逻辑表达式的意义下一个严密的定义。使用文字进行说明可能会出现歧义，因此需要使用**真值表**（图 2-6）。

图 2-6　使用真值表的运算符 ¬ 的定义

A	¬A	
true	false	A 为 true 时，¬A 为 false
false	true	A 为 false 时，¬A 为 true

该真值表为我们展现了运算符 ¬ 的定义，具体如下所示。

· 命题 A 为 true 时，命题 ¬A 为 false

· 命题 A 为 false 时，命题 ¬A 为 true

因为 A 是命题，所以它要么是 true，要么是 false。因此，该真值表覆盖了所有情况。换言之，**真值表没有遗漏和重复，兼顾了完整性和排他性**。

---

① ¬A 也可记作 $\overline{A}$。

●双重否定等于肯定

双重否定等于肯定。命题"乘车日不是不是星期日"和命题"乘车日是星期日"是相等的。一般而言，有以下关系成立。

$$\neg\neg A \text{ 等于 } A$$

"$\neg\neg A$ 等于 A"感觉上是理所当然的事情，而且也可以进行严密的证明。如何证明为好呢？对！就是用真值表来证明。

以 A 的真假为根据，$\neg A$ 的真假是确定的。而 $\neg A$ 的真假确定了的话，$\neg\neg A$ 的真假也随即确定。将其整理成真值表，即如图 2-7 所示。

我们来比较一下左列（A）和右列（$\neg\neg A$）。A 为 true 或 false，不管是 true 还是 false，A 和 $\neg\neg A$ 的值都相同。因此，可以说 A 和 $\neg\neg A$ 是相等的。

这种真值表，不仅可以用于运算符的"定义"，也可以用于"证明"。

图 2-7　双重否定等于肯定的证明

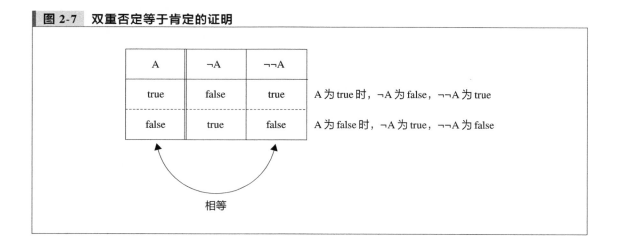

●文氏图

真值表虽然非常方便，但它是以表的形式存在的，所以有时并不直观。而使用文氏图（Venn diagram），就能很清晰地表示出命题的真假。

在图 2-8 所示的文氏图中，表示出了命题 A 和命题 $\neg A$ 的关系。请注意阴影部分。

图 2-8 表示命题 A 和命题 ¬A 的文氏图

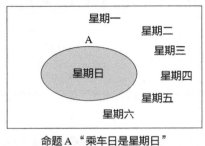

命题 A "乘车日是星期日"

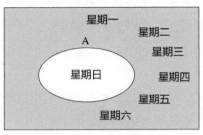

命题 ¬A "乘车日不是星期日"

文氏图原本是表示集合关系的图。外围的矩形表示全集，在这里则表示"一星期所有日子的集合"。假设 A 为命题"乘车日是星期日"，则矩形内部的椭圆表示"星期日的集合"。也就是说，该区域表示"命题 A 为 true 的日子的集合"[①]。

那么，如果矩形区域是"一星期所有日子的集合"，而椭圆内的区域是"星期日的集合"的话，椭圆以外的部分是什么呢？毫无疑问，是"不是星期日的日子的集合"。这里称为"命题 A 为 false 的日子的集合"或者"命题 ¬A 为 true 的日子的集合"。

通过对比这两个文氏图，就能直观地理解命题 A 和命题 ¬A 的关系。

逻辑与——A 并且 B

通过组合"年龄为 6 岁以上"和"乘车日是星期日"这 2 个命题，可以得到"年龄为 6 岁以上，并且乘车日是星期日"这一新命题。这种"A 并且 B"的命题运算称作**逻辑与**。英语中用 and 表示。

命题"A 并且 B"的逻辑表达式如下。

$$A \wedge B \quad （A \text{ and } B）$$

$A \wedge B$，就是"仅当 A 和 B 都为 true 的时候，才为 true"的命题。

[①] "乘车日是星期日"这句话只有在确定好什么时候乘车之后才能判断真假，所以我们称这句话为关于乘车日的"条件"。这样说比"命题"更为贴切。这里的文氏图所表示的，是令"乘车日是星期日"这一条件为真的所有乘车日的集合。

●**真值表**

像前面一样，我们来画一下 A ∧ B 的真值表（图 2-9）。这是运算符 ∧ 的定义。

图 2-9　运算符 ∧ 的定义

A	B	A ∧ B
true	**true**	**true**
true	false	false
false	true	false
false	false	false

仅当 A 和 B 都为 true 的时候，A ∧ B 才为 true

由于有 2 个基本命题 A 和 B，因此真值表的行数为 4 行。A 有 true/false 这 2 种情况，与之对应的 B 也有 true/false 这 2 种情况，因此所有情况为 2 × 2 = 4 种。这样就覆盖了所有的情况，没有遗漏，也没有重复，兼顾了完整性和排他性。

真值表图 2-9 是 "∧" 的定义。在口头说明时，可以简单地说 "仅当 A 和 B 都为 true 时，A ∧ B 才为 true"，而在用真值表表示的时候，必须罗列所有的情况。

●**文氏图**

下面我们用文氏图来表示 A ∧ B（图 2-10）。分别画出表示 A 和 B 这两个命题的椭圆，两者重叠的部分用阴影表示。该阴影部分即为 A ∧ B。因为重叠的部分既在椭圆 A 的内部，又在椭圆 B 的内部。

图 2-10　表示 A ∧ B 的文氏图

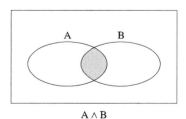

A ∧ B

◆ **思考题——画出文氏图**

用文氏图来表示逻辑表达式 ¬(A ∧ B)。

◆ **思考题答案**

¬(A ∧ B) 的文氏图如图 2-11 所示。首先画出表示 A ∧ B 的文氏图，再把图中的颜色反转一下就是否定了。

图 2-11　表示 ¬(A∧B) 的文氏图

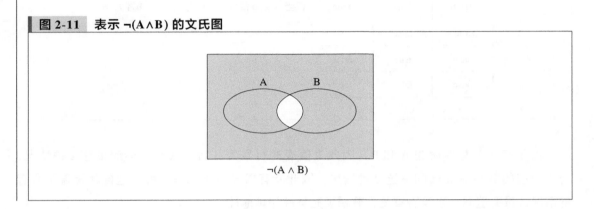

¬(A ∧ B)

逻辑或——A 或者 B

假设某超市对"持有礼券 A，或者礼券 B"的顾客实行打折优惠。同时持有礼券 A、B 也没关系。"持有礼券 A，**或者**礼券 B"是由"持有礼券 A"和"持有礼券 B"这 2 个命题组成的。我们将这种"A 或者 B"的命题运算称作**逻辑或**。英语中用 or 表示。

命题"A 或者 B"的逻辑表达式如下。

$$A \lor B \quad (A \text{ or } B)$$

A ∨ B 是 1 个命题，A 和 B 中至少有 1 个为 true 时，这个命题为 true。

● **真值表**

我们按照惯例画出 A ∨ B 的真值表（图 2-12）。这是运算符 ∨ 的定义。从这个真值表可以得知，A ∨ B 仅当 A 和 B 都为 false 时才为 false，除此以外都是 true。

在遇到"至少……"这种表达方式时，多数情况下考虑其否定意义能够更容易理解。在向别人解释运算符 ∨ 时，虽然可以说

・A 和 B 中至少有 1 个为 true 时，才为 true

但较之上者来说，下面的

・仅当 A 和 B 都是 false 时才为 false

的表述更为简洁易懂。

图 2-12 运算符 ∨ 的定义

A	B	A ∨ B
true	true	true
true	false	true
false	true	true
false	**false**	**false**

仅当 A 和 B 都为 false 时，A ∨ B 才为 false

由此可见，真值表不仅可用于"定义"和"证明"，还有助于寻找更简洁的表达方式，是个非常方便实用的工具。

●文氏图

下面我们来画一下 A ∨ B 的文氏图（图 2-13）。

图 2-13 表示 A ∨ B 的文氏图

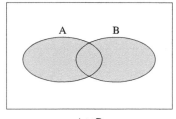

A ∨ B

首先画出表示 A 和 B 两个命题的椭圆，接着分别在 A 和 B 的内部画上阴影。当然，A 和 B 重叠的部分也要画上阴影。所有用阴影表示的部分就是 A ∨ B，因为阴影部分或在椭圆 A 的内部，或在椭圆 B 的内部。

◆**思考题——画出文氏图**

用文氏图来表示逻辑表达式 (¬A) ∨ (¬B)。

◆**思考题答案**

如图 2-14 所示。

图 2-14　表示 (¬A) ∨ (¬B) 的文氏图

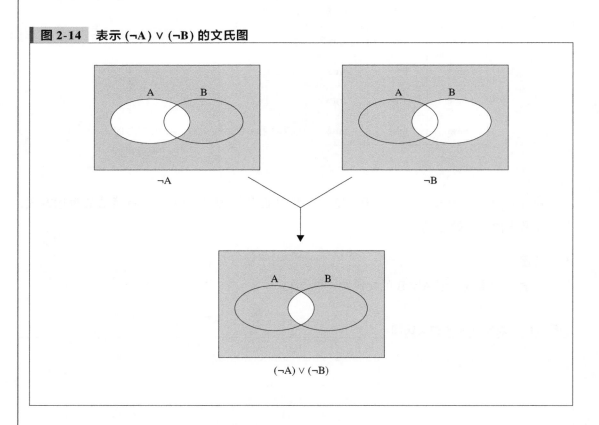

首先，分别画出 ¬A 和 ¬B 的文氏图，再将它们重叠起来，就是 (¬A) ∨ (¬B) 的文氏图了，相当简单明了吧。

这里，有没有发现 ¬(A ∧ B) 的文氏图（图 2-11）和 (¬A) ∨ (¬B) 的文氏图（图 2-14）是一样的呢？这可并非偶然。这称为德摩根定律（De Morgan's laws），其详细内容会在后面的章节中进行说明。

文氏图相同，意味着 ¬(A ∧ B) 和 (¬A) ∨ (¬B) 是相等的命题。用文字来描述这两个逻辑表达式就是，¬(A ∧ B) 为 "不是 'A 并且 B'"，(¬A) ∨ (¬B) 为 "不是 A，或者不是 B"。很难发现这两个描述的意思是一样的吧？但只要一画文氏图，就能清楚地得知它们是相等的。

异或——A 或者 B（但不都满足）

现假设将命题 "他现在在东京" 和命题 "他现在在大阪" 组合起来，形成命题 "他现在在东京，或者他现在在大阪"。这里所用的 "或者" 和之前讲的逻辑或有所不同。为什么这么说呢？因为在这里，他现在只能在东京和大阪的**其中一处**，不可能同时身处两地。

"A 或者 B（但不都满足）" 的运算称作**异或**，英语中称为 **exclusive or**。它和逻辑或相似，但在 A 和 B 都为 true 的情况下，两者有所不同。A 和 B 的异或，是 "A 和 B 中，只有 1 个是 true 时才为 true，2 个都是 true 时为 false" 的命题。

它的逻辑表达式如下。

$$A \oplus B$$

● 真值表

A ⊕ B 并不那么直观，我们还是通过画真值表来仔细观察一下吧（图 2-15）。

图 2-15　运算符 ⊕ 的定义

A	B	A ⊕ B
true	true	false
true	**false**	**true**
false	**true**	**true**
false	false	false

仅当 A 和 B 不同时，A ⊕ B 才为 true

通过真值表，我们就能发现 A⊕B 意味着"仅当 A 和 B 不同时为 true"。

● 文氏图

我们画一下 A⊕B 的文氏图吧（图 2-16）。

图 2-16　表示 A⊕B 的文氏图

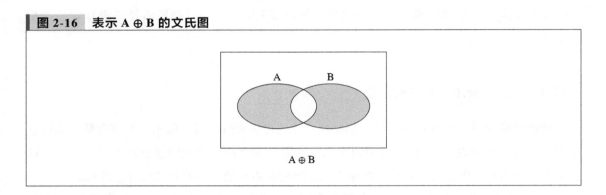

首先画出表示 A 和 B 两个命题的椭圆，分别在 A 和 B 的内部画上阴影。但是，**A 和 B 相互重叠的部分不画阴影**。这时用阴影表示的部分即为 A⊕B。

● 电路图

异或 A⊕B，也可以用图 2-17 这样的电路图来表示。在该图中，有电池和灯泡各一个，还有 A 和 B 两个开关。这两个开关可以分别连通两处接线柱，并约定连通上端表示 true，连通下端表示 false。

图 2-17　表示 A⊕B 的电路图

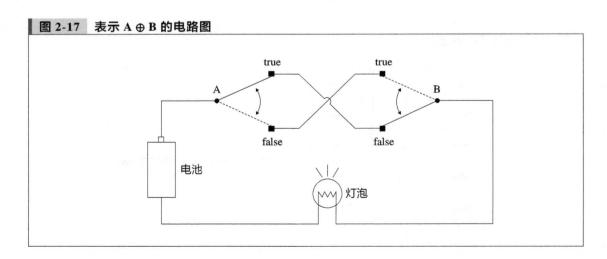

这样一来，就能根据 A 和 B 的 true 和 false 组合，来控制灯泡的亮灭了。假设灯泡点亮为 true，熄灭为 false，那么这个电路正好能表示 A ⊕ B 的情况。仅当两个开关状态不同时，灯泡才点亮。

相等—— A 和 B 相等

假设有 A、B 两个命题，那么"A 和 B 相等"能成为一个命题。在本书中，表示"A 和 B 相等"的逻辑表达式将如下书写。

$$A = B$$

= 是表示"相等"的运算符。[①]

●真值表

我们依然通过画真值表来定义运算符 =（图 2-18）。

图 2-18　运算符 = 的定义

A	B	A = B	
true	**true**	**true**	当 A 和 B 都为 true 时，A = B 为 true
true	false	false	
false	true	false	
false	**false**	**true**	当 A 和 B 都为 false 时，A = B 为 true

●文氏图

我们来画一下 A = B 的文氏图（图 2-19）。

首先画出表示 A 和 B 两个命题的椭圆，在两个椭圆的外部画上阴影，A 和 B 相互重叠的部分也画上阴影。这时，阴影表示的部分就是 A = B。两个椭圆的外部表示 A 和 B 都为 false，A 和 B 相互重叠的部分表示 A 和 B 都为 true。

①　A = B，有时也写作 A ≡ B。

图 2-19　表示 A = B 的文氏图

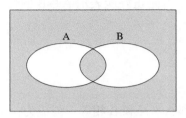

A = B

◆ **思考题——异或的否定**

请更明晰地表述逻辑表达式 ¬（A ⊕ B）（异或的否定）。

◆ **思考题答案**

答案是 A = B。

比较 A ⊕ B 的文氏图（图 2-16）和 A = B 的文氏图（图 2-19），可以发现它们的阴影部分正好相反。也就是说，A ⊕ B 的否定逻辑表达式和 A = B 是相等的。由此可知 ¬(A ⊕ B) 和 A = B 相等。

顺便提一下，"¬(A ⊕ B) 和 A = B 相等"也是一个命题，可以表示如下。

$$(\neg(A \oplus B)) = (A = B)$$

这个命题无论 A 和 B 的真假，恒为 true。我们将这种恒为 true 的命题称为**恒真命题**。

蕴涵——若 A 则 B

本节要介绍的是蕴涵的运算。对于这个蕴涵的运算，如果不熟悉它的话是非常难以理解的，请读到这里的朋友们注意一下。

与 "或"和 "与"不同，"蕴涵"基本上不用做运算。但是，由 A 和 B 两个命题构成的 "若 A 则 B"，是可以判定真假的命题。例如，假设 A 命题为 "乘客的年龄为 10 岁以上"，B 命题为 "乘客的年龄为 6 岁以上"，那么 "若 A 则 B"的命题便为真。其原因在于，如果乘客的年龄为 10 岁以上，那么该乘客的年龄当然在 6 岁以上。

命题 "若 A 则 B"称为**蕴涵**，逻辑表达式如下。

$$A \Rightarrow B$$

$A \Rightarrow B$ 是由 A 和 B 两个命题构成的命题。那么，它的定义是什么呢？按照惯例，我们还是使用真值表来定义。

● **真值表**

$A \Rightarrow B$ 看上去简单，却容易出错。请仔细阅读图 2-20 所示的真值表。

图 2-20 **运算符的定义**

A	B	$A \Rightarrow B$
true	true	true
true	**false**	**false**
false	true	true
false	false	true

A 为 true 时，仅当 B 为 false 时 $A \Rightarrow B$ 才为 false

A 为 false 时，$A \Rightarrow B$ 恒为 true

这个真值表和你想象中的"若 A 则 B"一样吗？

仔细看真值表，首先会发现"只有 A 为 true 并且 B 为 false 的时候，$A \Rightarrow B$ 为 false"。这在直觉上也是可以理解的吧。即使前提 A 为 true，若 B 为 false，则"若 A 则 B"便不成立。因此，若 A 为 true 并且 B 为 false，则 $A \Rightarrow B$ 为 false。

注意真值表的最后两行，即"A 为 false 时"的情况，必须非常仔细地解读。A 为 false 时，不论 B 的真假，$A \Rightarrow B$ 恒为 true。即，**只要前提条件 A 为 false，则不论 B 的真假，"若 A 则 B"的值恒为 true**。

这就是逻辑上的"如果"的定义。

我们平时说"若 A 则 B"时，有以下两种情况。

(1) 若 A 为 true，则 B 也为 true。若 A 为 false，则 B 也为 false。

(2) 若 A 为 true，则 B 也为 true。但是，若 A 为 false，则 B 为 true/false 都可以（对 B 没有任何影响）。

在逻辑上这两者是有区别的。(1) 是 A = B，(2) 是 A ⇒ B。

●文氏图

我们参考真值表（图 2-20）来画一下 A ⇒ B 的文氏图。

除了 A 为 true 并且 B 为 false 的地方，其余必须全部画上阴影。A 为 true 并且 B 为 false 的区域，即"在 A 内部而不在 B 内部的地方"不能画上阴影。一言以蔽之，就是如图 2-21 所示，在 A 的外部和 B 的内部画上阴影。

图 2-21　表示 A ⇒ B 的文氏图

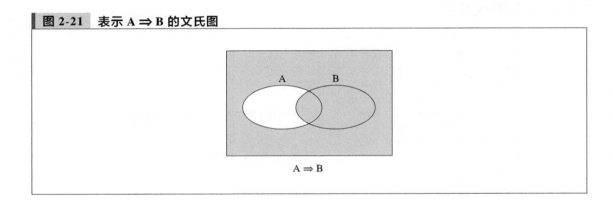

A ⇒ B

●陷阱逻辑

文氏图 2-21 确实和"蕴涵"的真值表一致。但是，能够理解到"嗯！这确实就是'蕴涵'的文氏图"的人却不多吧。

请试着这样思考。

文氏图 2-21 是自上空往地面方向的俯视图。阴影部分是用混凝土浇灌而成的。白色部分是张开大口的"陷阱"。为了不落入陷阱，必须站在混凝土上面。

在这种状况下，可以说"如果你站在 A 里面，那么你就站在 B 里面"。因为若非如此，就会落入陷阱。就是说，图 2-21 是为了将人置于"若在 A 中，则必须在 B 中"的状况而挖掘的陷阱。

◆思考题——画出文氏图

用文氏图来表示逻辑表达式 (¬A) ∨ B。

◆思考题答案

如图 2-22 所示。

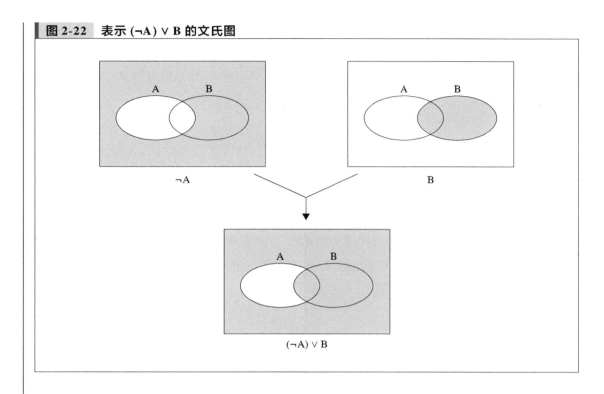

图 2-22　表示 (¬A) ∨ B 的文氏图

　　从这个文氏图（图 2-22）可以得知，它和之前的逻辑表达式 A ⇒ B 的文氏图相同。即，A ⇒ B 等于 (¬A) ∨ B。

　　从"若 A 则 B"等于"不是 A，或者是 B"来反向思考陷阱逻辑就能理解了吧。

- 若不踏入 A，则绝不会落入陷阱。因为只有 A 有陷阱
- 或者只要待在 B 中，则绝对不会落入陷阱。因为 B 中没有陷阱

　　综上所述，只要确保"不踏入 A，或者待在 B 中"就绝对不会落入陷阱。这正是所谓的"如果你站在 A 中，那么你一定是站在 B 中"。

◆ **思考题——逆命题**

　　用文氏图来表示逻辑表达式 B ⇒ A。

◆ **思考题答案**

　　由于 B ⇒ A 等于 (¬B) ∨ A，因此文氏图如图 2-23 所示。

图 2-23 表示 B ⇒ A 的文氏图

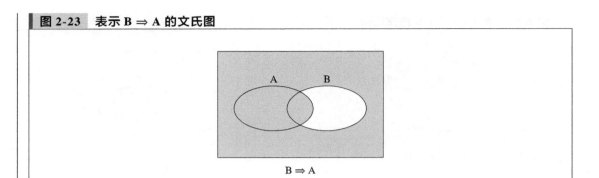

B ⇒ A

表示逻辑表达式 B ⇒ A 的文氏图（图 2-23），和表示逻辑表达式 A ⇒ B 的文氏图不同。这说明虽然 A ⇒ B 为真，但并不能说 B ⇒ A 为真。逻辑学中，将 B ⇒ A 称作 A ⇒ B 的逆命题。这就是所谓的"逆命题不一定为真"。

◆ 思考题——逆否命题

用文氏图来表示逻辑表达式 (¬B) ⇒ (¬A)。

◆ 思考题答案

A ⇒ B 就是 (¬A) ∨ B，即将"左边的表达式的否定"和"右边的表达式"用逻辑或 ∨ 连接起来。所以 (¬B) ⇒ (¬A) 就是 ¬(¬B) ∨ (¬A)。由此，(¬B) ⇒ (¬A) 的文氏图如图 2-24 所示。

图 2-24 表示 (¬B) ⇒ (¬A) 的文氏图

(¬B) ⇒ (¬A)

由此可见，表示逻辑表达式 (¬B) ⇒ (¬A) 的文氏图（图 2-24）和表示逻辑表达式 A ⇒ B 的文氏图是相等的。即，A ⇒ B 等于 (¬B) ⇒ (¬A)。

我们将

$$(\neg B) \Rightarrow (\neg A)$$

称为 $A \Rightarrow B$ 的逆否命题。如果原命题的逻辑表达式为真，那么它的逆否命题也为真。反之，如果原命题的逻辑表达式为假，那么它的逆否命题也为假。

囊括所有了吗

到目前为止，我们学习了下述复合型逻辑表达式。

$$\neg A$$
$$A \wedge B$$
$$A \vee B$$
$$A \oplus B$$
$$A = B$$
$$A \Rightarrow B$$

这些都是常用的逻辑表达式，但并未囊括所有运算。

A 和 B 可以举出的 true/false 组合共有 $2 \times 2 = 4$ 种，具体如下所示。

$$A = true，\quad B = true$$
$$A = true，\quad B = false$$
$$A = false，\quad B = true$$
$$A = false，\quad B = false$$

与这 4 种组合相对，其运算结果有 true/false 这 2 种可能。也就是说组合这 2 个命题的运算种类有 $2^4 = 16$ 种。

我们花些工夫来写一下表示所有组合的真值表吧（图 2-25）。

图 2-25　由 A 和 B 构成的所有逻辑运算的真值表

A	B	恒为 false	A∧B	A∧(¬B)	A	(¬A)∧B	B	¬(A=B)	A∨B	¬(A∨B)	A=B	¬B	A∨(¬B)	¬A	(¬A)∨B	¬(A∧B)	恒为 true
								A⊕B			A=B		B⇒A		A⇒B		
true	true	false	true	false	true	false	true	false	true	false	true	false	true	false	true	false	true
true	false	false	false	true	true	false	false	true	true	false	false	true	true	false	false	true	true
false	true	false	false	false	false	true	true	true	true	false	false	false	false	true	true	true	true
false	false	false	false	false	false	false	false	false	true	true	true	true	true	true	true	true	true
		0	1	2	3	4	5	6	7	8	9	10	11	12	13	14	15

◆ **思考题——发现规律**

图 2-25 的真值表乍一看没什么章法，但实际上是有规律的。那么，是什么样的规律呢？

◆ **思考题答案**

将真值表的 false 改写为 0，true 改写为 1，左起的每一列即为数 0, 1, 2, ···, 15 的 2 进制表示形式。

例如，最左列（第 0 项）的"恒为 false"，从下往上看是 false、false、false、false，相当于 2 进制的 0000。第 7 项的"A∨B"，从下往上看是 false、true、true、true，相当于 2 进制的 0111。

如此，使用 2 进制数就能完美地做出没有"遗漏"和"重复"的表。

德摩根定律

本节我们将学习德摩根定律，以便理解 ∧ 和 ∨ 之间关系的定律。通过运用该定律，能够将使用 ∧ 的表达式和使用 ∨ 的表达式进行相互转换。

德摩根定律是什么

(¬A)∨(¬B) 可以改写为 ¬(A∧B)。(¬A)∧(¬B) 可以改写为 ¬(A∨B)。这称为**德摩根定律**。该定律可以用以下逻辑表达式来表示。

$$(\neg A) \vee (\neg B) = \neg(A \wedge B)$$

$$(\neg A) \wedge (\neg B) = \neg(A \vee B)$$

如果非得用文字来说明德摩根定律的话，就是

"非 A"或者"非 B"，和非"A 与 B"是等价的；
"非 A"并且"非 B"，和非"A 或 B"是等价的。

以上文字表达虽然看起来晦涩难懂，不过我们通过画真值表和文氏图可以确认它的正确性。

先来看一下真值表（图 2-26）。

图 2-26 借助真值表确认德摩根定律

A	B	$(\neg A) \vee (\neg B)$	$\neg(A \wedge B)$	$(\neg A) \wedge (\neg B)$	$\neg(A \vee B)$
true	true	false	false	false	false
true	false	true	true	false	false
false	true	true	true	false	false
false	false	true	true	true	true

等于　　　　　　　　　　等于

同样，我们也可以通过文氏图来确认。请参考图 2-11 和图 2-14。

对偶性

如果了解了逻辑表达式的对偶性，就能简单地记住德摩根定律了。

在逻辑表达式中**分别将 true 和 false、A 和 ¬A、∧ 和 ∨ 进行互换**，就能够得到该逻辑表达式的否定式。即

$$\text{true} \longleftrightarrow \text{false}$$
$$A \longleftrightarrow \neg A$$
$$\wedge \longleftrightarrow \vee$$

它们相互成对，这称作逻辑表达式的**对偶性**。我们来看一下逻辑表达式 $A \wedge B$。分别将其中的 "A 和 ¬A""∧ 和 ∨""B 和 ¬B" 进行互换，就可以得到逻辑表达式 $(\neg A) \vee (\neg B)$（为了便于理解，这里加上了括号）。新的逻辑表达式 $(\neg A) \vee (\neg B)$ 和原来的逻辑表达式 $A \wedge B$ 的否定式（即 $\neg(A \wedge B)$）是等价的。这就是对偶性的特点。

$$(\neg A) \vee (\neg B) = \neg(A \wedge B)$$

以上就是德摩根定律的定义。

运用对偶性来灵活地转换逻辑表达式，有助于培养对逻辑的熟悉程度。

卡诺图

我们已经学习了逻辑表达式、真值表以及文氏图。本节我们来学习卡诺图，它是简化复杂逻辑表达式的有效工具。

二灯游戏

假设你面前有一个游戏机，屏幕上显示着一绿一黄两个灯泡，它们不断地忽闪忽灭（图 2-27）。

在二灯游戏中，必须遵守以下规则迅速按下游戏机按钮。下述规则较为复杂，你能将它整理得简单一些吗？

【二灯游戏的规则】

请在下述情况时按下按钮。

ⓐ 绿灯灭，黄灯亮

ⓑ 绿灯、黄灯都灭

ⓒ 绿灯、黄灯都亮

图 2-27　二灯游戏

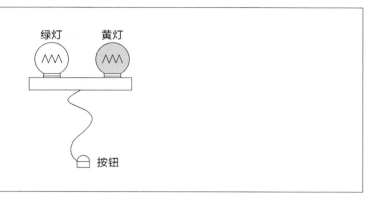

首先借助逻辑表达式进行思考

整理规则时，不仅要开动脑筋，更重要的法则是必须写出逻辑表达式帮助思考。我们先将给出的规则转化成逻辑表达式。首先，将两个基本命题分别记作 A 和 B。

- 命题 A　绿灯亮
- 命题 B　黄灯亮

使用 A 和 B 将二灯游戏的规则改写一下，需要按下按钮的情况就是下述ⓐ、ⓑ、ⓒ的逻辑或。

ⓐ (¬A) ∧ B

ⓑ (¬A) ∧ (¬B)

ⓒ A ∧ B

也就是说，当下述逻辑表达式为 true 时要按下按钮。

$$\underbrace{((\neg A) \wedge B)}_{ⓐ} \vee \underbrace{((\neg A) \wedge (\neg B))}_{ⓑ} \vee \underbrace{(A \wedge B)}_{ⓒ}$$

嗯，不过，这完全没有简化。要一边观察灯的亮灭，一边判断这种逻辑表达式的真假，实在难以做到。

这下就轮到卡诺图出场了。

学习使用卡诺图

卡诺图（Karnaugh map）是**将所有命题的真假组合以二维表的形式表示的图**。

我们使用卡诺图来表示二灯游戏。

首先将下述命题 A 和 B 可能形成的所有真假组合做成相应的图。然后，根据规则在应该按下按钮的格中打上钩（图 2-28）。

· 命题 A　绿灯亮
· 命题 B　黄灯亮

图 2-28　二灯游戏的卡诺图（打上钩）

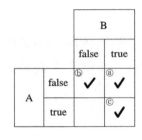

之后，用框将相邻的打钩格围起形成组合框。组合框为

· 1 × 1 的网格
· 1 × 2 的网格
· 1 × 4 或 2 × 2 的网格
· 4 × 4 的网格

中相邻打钩格所形成的最大网格。组合框相互重叠也没关系（图 2-29）。

图 2-29　**相邻打钩格形成的组合框**

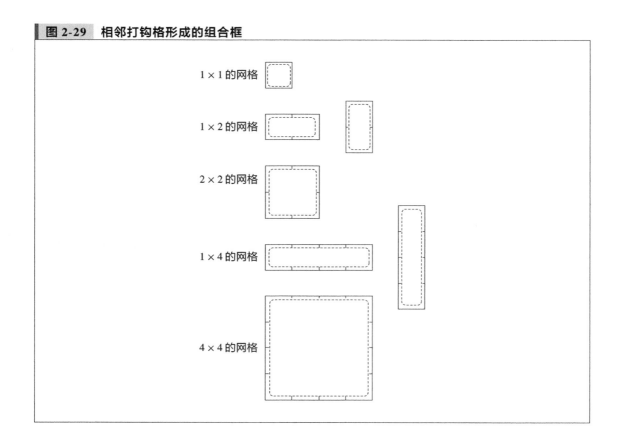

在图 2-30 中，用虚线的矩形来框选打钩格。

图 2-30　**二灯游戏的卡诺图（画出组合框，思考逻辑表达式）**

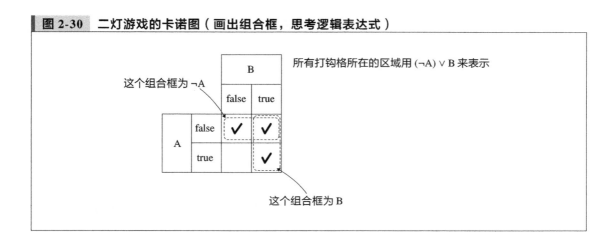

将所有的打钩格围起来后，我们就来思考一下表示各个组合框的逻辑表达式（图 2-30）。

- 横向的组合框，就是 A 为 false 的区域，因此用 ¬A 来表示
- 纵向的组合框，就是 B 为 true 的区域，因此用 B 来表示

由此可以推出，所有打钩格所在区域即为 ¬A 和 B 的逻辑或，表示如下。

$$(\neg A) \vee B$$

这也说明，在玩二灯游戏时观察灯泡亮灭，当"绿灯灭（¬A）"或者"黄灯亮（B）"的时候就可以按下按钮。

通过画卡诺图，我们得知 $((\neg A) \wedge B) \vee ((\neg A) \wedge (\neg B)) \vee (A \wedge B)$ 和 $(\neg A) \vee B$ 是相等的。**我们利用卡诺图简化了逻辑表达式，非常方便吧？**

三灯游戏

这回我们看看 3 个灯会是什么情况。

【三灯游戏的规则】

请在下述情况时按下按钮。

ⓐ 绿灯、黄灯、红灯都灭

ⓑ 黄灯灭，红灯亮

ⓒ 绿灯灭，黄灯亮

ⓓ 绿灯、黄灯、红灯都亮

现在灯泡有绿色、黄色、红色 3 种（图 2-31）。

这回光靠脑袋想可不行了。还是使用卡诺图看看吧（图 2-32）。假设有以下命题，

- 命题 A　绿灯亮
- 命题 B　黄灯亮
- 命题 C　红灯亮

画出 A, B, C 的 true/false 所有组合的表，在"应该按下按钮"之处打上钩。这次有 3 个命题，因此表的网格数变为 $2^3 = 8$ 个。

图 2-31 **三灯游戏**

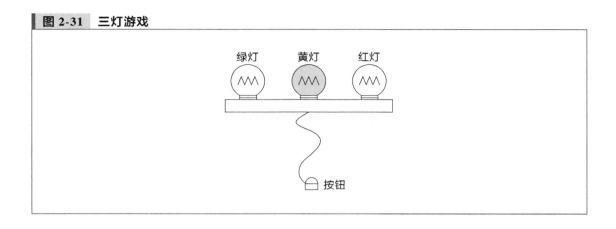

图 2-32 **三灯游戏的卡诺图（打上钩）**

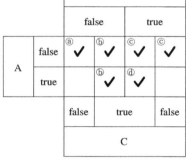

注意一下 B 和 C 的 false/true 分界是错位的。正是这个"错位"，使得用 8 个网格就能表示所有情况。

打上钩后，就像前面那样尽可能用大的框进行分组（图 2-33）。

将所有打钩处都框起来后，我们来看看表示各个组合框的逻辑表达式吧。

· 横向的组合框，就是 A 为 false 的区域，因此用 ¬A 来表示

· 正中间的组合框，就是 C 为 true 的区域，因此用 C 来表示

根据以上结果，我们将打钩区域用 ¬A 和 C 的逻辑或来表示。

$$(\neg A) \lor C$$

三灯游戏的规则看起来相当复杂，然而通过使用卡诺图，居然能够大幅简化它的表现形式。不可思议吧！

图 2-33 **三灯游戏的卡诺图（画出组合框，思考逻辑表达式）**

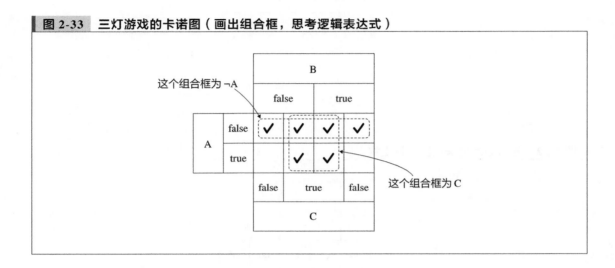

最后得到的逻辑表达式为 $(\neg A) \lor C$，表明在三灯游戏中，当"绿灯灭 $(\neg A)$"或者"红灯亮 (C)"的时候可以按下按钮。

在这个逻辑表达式中没有出现 B。由此我们可知，在判断是否按下按钮时，不需要看黄灯。卡诺图通常用于简化逻辑表达式、设计逻辑电路等。

包含未定义的逻辑

至此，我们学习了逻辑的基本知识。逻辑上只使用真（true）和假（false）两个值进行运算。命题非真即假，非假即真。

三句话不离本行，这就谈谈我们所关心的程序。程序经常会由发生错误导致退出、崩溃、陷入无限循环、抛出异常等情况，**得不到 true 和 false 中的任何一个值**。

为了同样能表示这种"得不到值"的情况，在原有的 true 和 false 基础之上，又新引入了一个叫 undefined 的值。undefined 意为"未定义"。

true 真

false　　　　　　　假

undefined　　　　　未定义

下面我们一起来思考使用 true、false、undefined 的**三值逻辑**。

在实际编程中经常会出现未定义的逻辑。我们这就来看看下面这几种未定义逻辑的情况。

- 带条件的逻辑与
- 带条件的逻辑或
- 否定
- 德摩根定律

带条件的逻辑与（&&）

我们一起来思考一下三值逻辑中的逻辑与（**带条件的逻辑与**，conditional and，short-circuit logical and）。使用运算符 &&，将 A 和 B 的带条件的逻辑与表示如下。

$$A \&\& B$$

我们仍然使用真值表来定义运算符 &&。不过，与先前有所不同，这回使用 true/false/undefined 三种值（图 2-34）。

通过真值表，我们能得出下述结论。

- 不包含 undefined 的行，和逻辑与 A ∧ B 相等
- A 为 true 时，A && B 和 B 相等
- A 为 false 时，A && B 恒为 false
- A 为 undefined 时，A && B 恒为 undefined

从左往右阅读图 2-34 中的每一行，将 undefined 解读为"这里计算机不进行任何处理"，就能马上理解上面的结论了。

- A 为 true 时，看 B。B 的结果就是 A && B 的结果
- A 为 false 时，不用看 B，结果为 false
- A 为 undefined 时，计算机不进行任何处理，因此不用看 B，A && B 的结果也为 undefined

图 2-34 运算符 && 的定义

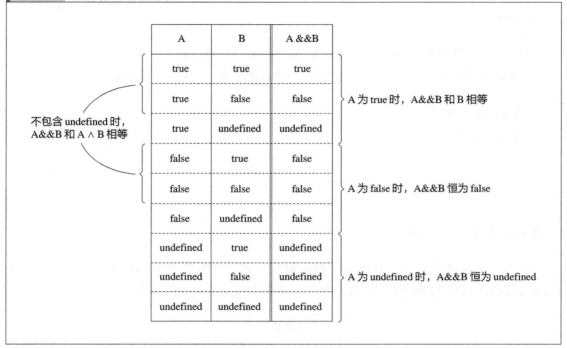

这个 && 和 C、Java 中的运算符 && 意思相同。

我们继续看下面的程序。

```
if (A && B) {
    ...
}
```

A 为 false 时，A && B 必为 false。A 为 true 时，A && B 的值等于 B。这就是说，在判断 A && B 的真伪时，**应根据条件 A 判断是否需要看 B**（因此称为带条件的逻辑与）。这其实和下面的条件语句是相同的。

```
if (A) {
    if(B) {
        ...
    }
}
```

而 A && B 并不等于 B && A，因此所谓的交换法则不成立。

运算符 && 可以用于下面的逻辑。

```
if (check() && execute()) {
    ...
}
```

这时，若函数 check() 的值为 false，就不执行 execute() 了。这里的 check() 起到了检查可否执行 execute() 的作用。

带条件的逻辑或（||）

同样，我们来看一下三值逻辑中的逻辑或（带条件的逻辑或）（图 2-35）。使用运算符 ||，将 A 和 B 的带条件的逻辑或表示如下。

$$A \| B$$

图 2-35　运算符 || 的定义

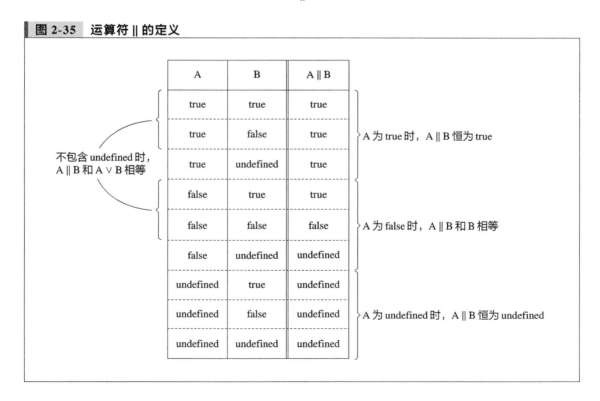

A	B	A ‖ B
true	true	true
true	false	true
true	undefined	true
false	true	true
false	false	false
false	undefined	undefined
undefined	true	undefined
undefined	false	undefined
undefined	undefined	undefined

不包含 undefined 时，A ‖ B 和 A ∨ B 相等

A 为 true 时，A ‖ B 恒为 true

A 为 false 时，A ‖ B 和 B 相等

A 为 undefined 时，A ‖ B 恒为 undefined

A 为 true 时，A‖B 必为 true；A 为 false 时，A‖B 的值等于 B。即

```
if (A || B) {
    …
}
```

和下面的程序是一样的。

```
if (A) {
    …
} else {
    if (B) {
        …
    }
}
```

三值逻辑中的否定（！）

三值逻辑中的否定用!来表示，即 A 的否定式可如下书写。

$$!A$$

就这么简单（图 2-36）！

图 2-36   运算符!的定义

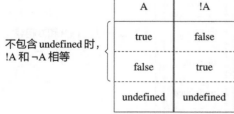

	A	!A	
不包含 undefined 时，!A 和 ¬A 相等	true	false	
	false	true	
	undefined	undefined	若 A 为undefined，则 !A 也为 undefined

三值逻辑的德摩根定律

至此，三值逻辑的逻辑与、逻辑或以及否定都讲完了，下面就能探究三值逻辑的德摩根定律了。我们借助真值表来判断下述两个等式能否成立（图 2-37）。

$$(!A) \parallel (!B) = !(A \&\& B)$$

$$(!A) \&\& (!B) = !(A \parallel B)$$

图 2-37　三值逻辑的德摩根定律

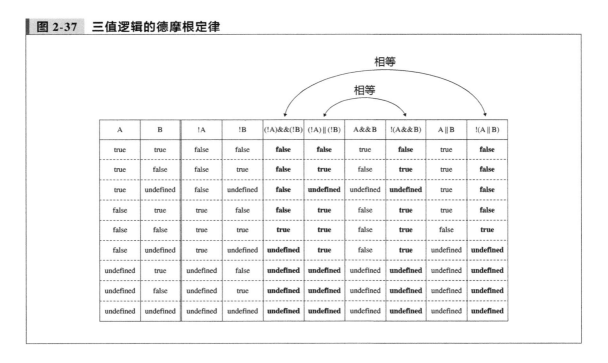

我们根据真值表得知德摩根定律在三值逻辑中确实也成立。

运用德摩根定律，可将 if 语句如下变形。

```
if (!(x >= 0 && y >= 0)) {
    ...
}
        ↓
if (x < 0 || y < 0) {
    ...
}
```

囊括所有了吗

如果要列举所有涉及 true/false/undefined 的逻辑运算符，数量将达到 3^9 个，因此这里不再赘述。本节介绍的是编程中常用的运算符 &&、|| 以及 !。

本章小结

本章我们通过使用逻辑表达式、真值表、文氏图、卡诺图等工具，练习了如何解析复杂逻辑（图 2-38、图 2-39）。

图 2-38　逻辑的各种表现形式

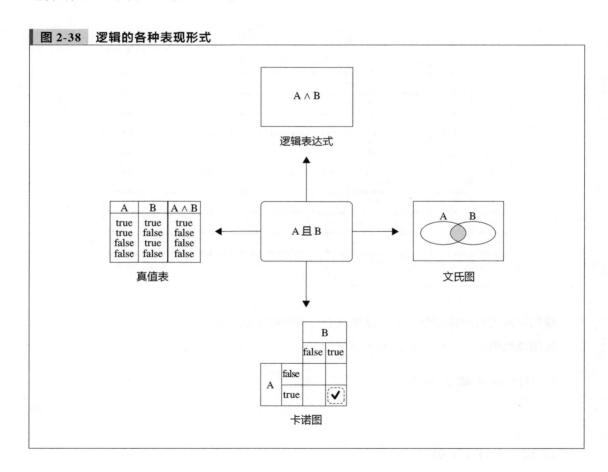

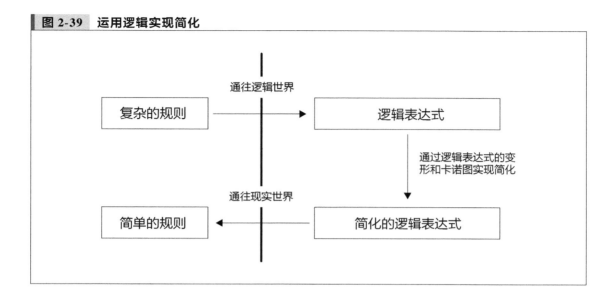

图 2-39　运用逻辑实现简化

我们还学习了涉及未定义值的三值逻辑。

在逻辑中，"兼顾完整性和排他性"是非常重要的。一般的逻辑是"一分为二"，而三值逻辑是"一分为三"。下一章，我们将深入学习"分割"的知识。

◎ **课后对话**

老师: 结果，if 语句将世界一分为二。

学生: 一分为二？

老师: 对！分为条件成立的世界和条件不成立的世界。

第 **3** 章

余 数
——周期性和分组

◎ **课前对话**

老师：奇数是什么呢？

学生：是 1, 3, 5, 7, 9, 11, …。

老师：对！奇数就是被 2 除余 1 的整数。那么偶数呢？

学生：能被 2 整除的整数。

老师：正是！偶数就是被 2 除余 0 的整数。

学生：这其中有何奥妙呢？

老师：除法就像分组。

学生：分组？

老师：根据余数来确定它属于哪个组。

本章学习内容

本章将学习余数的相关知识。

余数就是做除法运算时剩下的数。我们从小学起就反复练习 +、−、×、÷（加、减、乘、除）的计算。不过，有关余数的计算只在学习除法运算时略见其影。然而，无论在数学还是在编程中，余数都起着非常重要的作用。

本章将通过几个思考题来学习"余数就是分组"。有时，运用余数恰当地分组可以轻松解决难题。我们也会学习和余数有关的**奇偶性**（parity）。奇偶性可用于检查通信错误，是个很重要的概念。

星期数的思考题 (1)

思考题（100 天以后是星期几）

今天是星期日，那么 100 天以后是星期几？

思考题答案

一周有 7 天。每过 7 天，便循环到相同的星期数。如果今天是星期日，那么 7 天后、14 天后、21 天后……这种"7 的倍数"天后，都是星期日。98 是 7 的倍数，因此 98 天后也是星期日。由此推算

98 天后 …… 星期日
99 天后 …… 星期一
100 天后 …… 星期二

那么，100 天后便是星期二。

答案：星期二。

运用余数思考

上面的思考题就是用下面这种方法来进行计算的。

在这里，数 $0, 1, 2, \cdots, 6$ 分别代表星期日, 星期一, 星期二, $\cdots$, 星期六。

```
  0   1   2   3   4   5   6
 日  一  二  三  四  五  六
```

假设今天是星期日，100 天后的星期数就是"100 除以 7 的余数"。

$$100 \div 7 = 14 \text{ 余 } 2$$

因此，100 天后是星期二。

余数的力量——将较大的数字除一次就能分组

在求 100 天后星期数的思考题中，即使不使用上面所说的余数，而像"今天是星期日、1 天后是星期一、2 天后是星期二、3 天后是……"这样依次数到第 100 天也能解答出来。因为 100 这个数字并不怎么大。

但是，如果问题改为"求 1 亿天后的星期数"的话，靠数数就解决不了问题了。即使 1 秒能数 1 下，数到 1 亿至少也要花费 3 年以上的时间。

而如果运用余数的话，1 亿天以后的星期数很快就能算出来。让我们瞧瞧吧！

$$100\ 000\ 000 \div 7 = 14\ 285\ 714\ \text{余}\ 2$$

因为余数为 2，所以 1 亿天以后是星期二。

n 天后的星期数，可以通过 n 除以 7 的余数来判断。因为**星期数是以 7 为周期循环的**。

在面对难以直接计算的庞大数字时，只要发现它是如何循环的（即找到它的规律），就能通过余数的力量将其降服（图 3-1）。

图 3-1　运用余数求得星期数

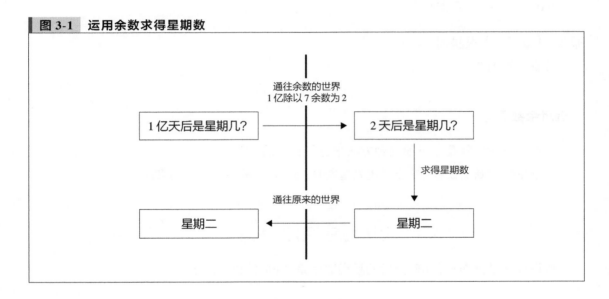

星期数的思考题 (2)

这次我们来挑战稍微难一点的星期数思考题。

思考题（10^{100} 天以后是星期几）

今天是星期日。那么 10^{100} [①] 天以后是星期几？

---

① 10^{100} 就是 10 000 000 000 000 000 000 000 000 000 000 000 000 000 000 000 000 000 000 000 000 000 000 000 000 000 000 000 000 000 000 000 000 000（有 100 个 0）。

提示：可以直接计算吗

如果能像求 100 天以后的星期数那样，用 10^{100} 除以 7 的余数来计算就好了。但实际上由于数字太大了，计算起来相当费力。即使借助计算器也很难完成。

星期数思考题 (1)，使用了星期的周期性来解决问题。那么，星期数思考题 (2) 有没有周期性呢？请找出它循环的规律。

思考题答案

我们并不急于求出 10^{100}，而是像 1, 10, 100, 1000, 10 000,⋯ 这样，依次增加 0 的个数，观察其规律。

0 的个数

0	1 天以后的星期数	$1 \div 7 = 0$ 余 1	→一
1	10 天以后的星期数	$10 \div 7 = 1$ 余 3	→三
2	100 天以后的星期数	$100 \div 7 = 14$ 余 2	→二
3	1000 天以后的星期数	$1000 \div 7 = 142$ 余 6	→六
4	10 000 天以后的星期数	$10\,000 \div 7 = 1428$ 余 4	→四
5	100 000 天以后的星期数	$100\,000 \div 7 = 14\,285$ 余 5	→五
6	1 000 000 天以后的星期数	$1\,000\,000 \div 7 = 142\,857$ 余 1	→一
7	10 000 000 天以后的星期数	$10\,000\,000 \div 7 = 1\,428\,571$ 余 3	→三
8	100 000 000 天以后的星期数	$100\,000\,000 \div 7 = 14\,285\,714$ 余 2	→二
9	1 000 000 000 天以后的星期数	$1\,000\,000\,000 \div 7 = 142\,857\,142$ 余 6	→六
10	10 000 000 000 天以后的星期数	$10\,000\,000\,000 \div 7 = 1\,428\,571\,428$ 余 4	→四
11	100 000 000 000 天以后的星期数	$100\,000\,000\,000 \div 7 = 14\,285\,714\,285$ 余 5	→五
12	1 000 000 000 000 天以后的星期数	$1\,000\,000\,000\,000 \div 7 = 142\,857\,142\,857$ 余 1	→一

果然有规律呢！余数以 1, 3, 2, 6, 4, 5,⋯ 的顺序循环，星期数以一、三、二、六、四、五⋯⋯这样的顺序循环。这个周期性可以通过笔算较快地得出。

$$\begin{array}{cccccc} 1 & 3 & 2 & 6 & 4 & 5 \end{array} \quad （天数除以 7 的余数）$$

一	三	二	六	四	五

我们通过观察发现，每增加 6 个 0，星期数就相同，因此周期为 6。将 0 的个数除以 6，

得到的余数为 0, 1, 2, 3, 4, 5 中的某一个，它们分别对应星期一、星期三、星期二、星期六、星期四、星期五（欸？没有星期日呢）。

0　1　2　3　4　5　（用天数中 0 的个数除以 6，得到的余数）

| 一 | 三 | 二 | 六 | 四 | 五 |

因此，10^{100} 天以后的星期数，可以将天数中 0 的个数（10^{100} 有 100 个 0）除以 6，通过所得的余数来判断。我们来计算一下。

$$100 \div 6 = 16 \text{ 余 } 4$$

余数为 4，因此 10^{100} 天以后是星期四。

答案：星期四。

发现规律

在星期数的思考题 (1) 中，我们借助数字的规律，解答出了星期数。

在星期数的思考题 (2) 中，我们找到了 0 的个数的规律，推出了答案。使用这种方法，就连非常遥远的未来的星期数也可以很快算出来。我们这就试算一下"$10^{1\text{亿}}$ 天以后的星期数"。

$$100\,000\,000 \div 6 = 16\,666\,666 \text{ 余 } 4$$

余数为 4，所以答案是星期四。当然，恐怕到那时宇宙都已经消失了吧……

由此可见，在处理难以计算的超大数字时，发现与之相关的规律是相当重要的。余数可谓是有效利用规律的工具。

直观地把握规律

在星期数的思考题 (1) 中，利用星期数的周期为 7，可以推出 100 天后的星期数。如果将"周期为 7"想象成图 3-2 中的七角形时钟，便能很好地理解它的意思。该七角形的各个顶点分别写上 0～6 的数字以及日、一、二等星期数。时钟上有 1 根指针，1 天走 1 个刻度，7 天则前进 7 个刻度，即这个时钟 1 个星期转 1 圈。

"100 除以 7 的余数为 2"表示这个时钟前进 100 个刻度后指针指向"2"这个顶点。

100 除以 7 的商为 14，表示时针转了 14 圈。

图 3-2　第 n 天是星期几

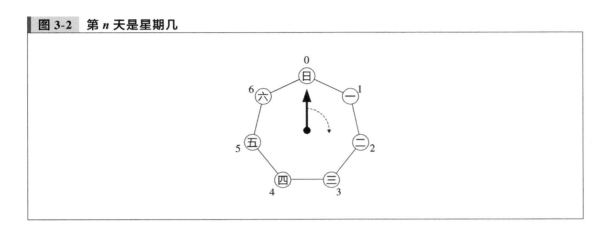

像这样画出图形，就能直观地把握规律了。

在星期数的思考题 (2) 中，推算出了 10^{100} 天以后的星期数。那是借助于 10^{100} 的指数，即 1 后面的 "0 的个数" 得出的。通过观察，我们发现了星期数的周期为 6，并利用了这个规律解决问题。由于周期为 6，所以我们来看看图 3-3 所示的六角形时钟。这个时钟，在 10 天以后指向 1、100 天以后指向 2、1000 天以后指向 3……也就是说，指针指向的是 "10^n 天以后" 中的 n 除以 6 的余数。越走越慢的时钟，真是不可思议！

图 3-3　第 10^n 天是星期几

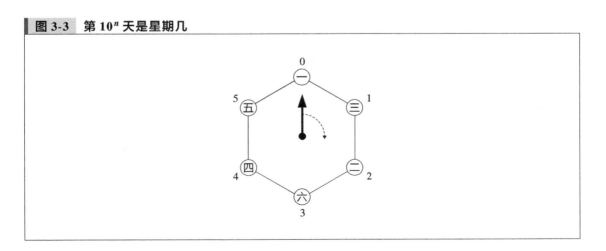

只要着眼于"0 的个数",处理超大的数也会变得更为轻松。这和"对数"的概念有着密切的关系。第 7 章将对其进行详细说明。

在学习了"找到规律、使用余数"的方法之后,我们来挑战一下新的思考题吧。

乘方的思考题

思考题（$1\ 234\ 567^{987\ 654\ 321}$）

$1\ 234\ 567^{987\ 654\ 321}$ 的个位数是什么呢?[①]

提示:通过试算找出规律

$1\ 234\ 567^{987\ 654\ 321}$ 的值无法用计算器算出来。即使用计算机程序来算,由于位数过多,计算过程也并不简单。

因此,我们首先从较小的数着手,试算一下。

$1\ 234\ 567^1 = 1\ 234\ 567$

$1\ 234\ 567^2 = 1\ 524\ 155\ 677\ 489$

$1\ 234\ 567^3 = $ 嗯……

很快数字就变得很大了,试算也很难进行下去。

且慢。大家要记得现在要求的不是 $1\ 234\ 567^{987\ 654\ 321}$ 的乘方,而只是"个位上的数字"。那么,只要找到规律,仅凭笔算就能求出答案!

思考题答案

能影响一个数乘方结果的个位数的,只有这个数的个位数。也就是说,将 1 234 567 的个位数 7 进行乘方,只看乘方结果的个位数就行了,1 234 567 的十位以上的数字 123456 可以暂且忽略。

我们再来试算一下。

$1\ 234\ 567^0$ 的个位 $= 7^0$ 的个位 $= 1$

---

① 引自 *Techniques of Problem Solving*（Steven G. Krantz 著）中的问题 "34798 末尾的数字是什么"。

$1\ 234\ 567^1$ 的个位 = 7^1 的个位 = 7

$1\ 234\ 567^2$ 的个位 = 7^2 的个位 = 9

$1\ 234\ 567^3$ 的个位 = 7^3 的个位 = 3

$1\ 234\ 567^4$ 的个位 = 7^4 的个位 = 1

$1\ 234\ 567^5$ 的个位 = 7^5 的个位 = 7

$1\ 234\ 567^6$ 的个位 = 7^6 的个位 = 9

$1\ 234\ 567^7$ 的个位 = 7^7 的个位 = 3

$1\ 234\ 567^8$ 的个位 = 7^8 的个位 = 1

$1\ 234\ 567^9$ 的个位 = 7^9 的个位 = 7

算到这里，就发现规律了。个位是 1, 7, 9, 3 这 4 个数字的循环，即周期为 4。

由于周期为 4，在求 $1\ 234\ 567^{987\ 654\ 321}$ 的个位数时，只要用指数 987 654 321 除以 4 算出余数就可以了。987 654 321 除以 4 的余数为 0, 1, 2, 3 其中之一，它们分别对应 1, 7, 9, 3。

0	1	2	3
1	7	9	3

因为 987 654 321 除以 4 余 1，所以答案为 7。

答案：$1\ 234\ 567^{987\ 654\ 321}$ 的个位数是 7。

回顾：规律和余数的关系

本题也涉及难以直接计算的庞大数值。因为不能直接计算，所以先用较小的数值进行试算。这时的要点就是找出**规律**。只要找出规律，剩下的问题就可以通过余数来解决。

运用余数，大数值的问题就能简化成小数值的问题。

那么，下面我们继续看一道有关大数值的思考题。

通过黑白棋通信

思考题

魔术师和他的徒弟在台上表演，下面有 3 位观众。魔术师蒙着眼睛。

(1) 桌上随机排列着 7 枚黑白棋的棋子（图 3-4）。魔术师蒙着眼睛，看不到棋子。

图 3-4　随机排列的黑白棋的棋子

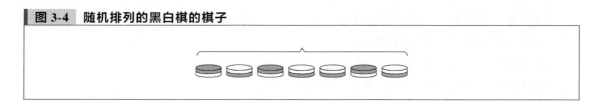

(2) 魔术师的徒弟在看完这 7 枚棋子之后，又往右面添了 1 枚棋子，与其他棋子并排，这时则有 8 枚棋子（图 3-5）。魔术师依然蒙着眼睛。

图 3-5　徒弟添了 1 枚棋子

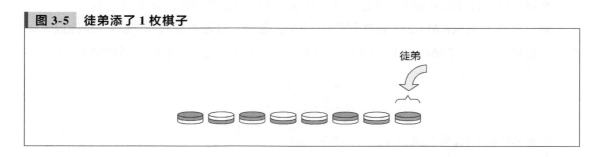

(3) 这时观众可将其中的 **1 枚棋子翻转**，或不翻转任何棋子（图 3-6）。

此间，徒弟和观众不发一言，魔术师还是蒙着眼睛，并不知道观众有没有翻转棋子。

图 3-6　观众翻转 1 枚棋子（或者不动任何棋子）

(4) 魔术师摘下眼罩，观察 8 枚棋子，然后马上就能说出"观众翻转了棋子"或"没有翻转棋子"，识破观众的行为（图 3-7）。

图 3-7 魔术师识破观众的行为

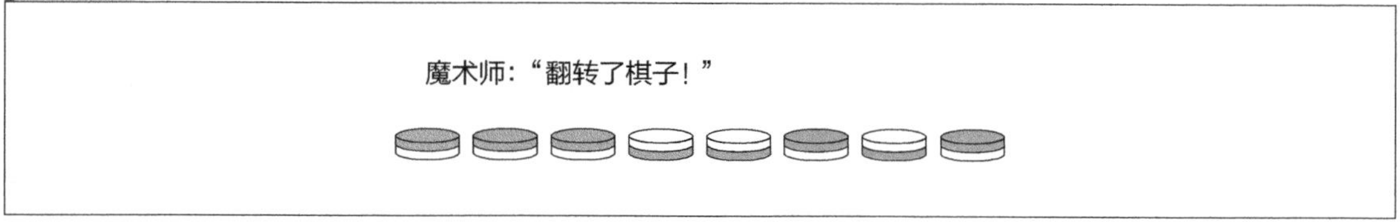

魔术师："翻转了棋子！"

魔术师是如何识破观众行为的呢？

提示

徒弟只是放了 1 枚棋子，而且放棋子的动作在观众行动之"前"。那么，徒弟是如何向魔术师传递观众有没有翻转棋子的信息的呢？

魔术师和徒弟虽然没有用语言交流，但是仅通过 1 枚棋子进行了"交流"。我们来思考一下该"交流"方法。

思考题答案

徒弟在观众摆放的 7 枚棋子中，数出黑棋的个数。如果黑棋数是奇数，就添黑棋。如果黑棋数是偶数，就添白棋。不管哪种情况，在最终的 8 个棋子中，**黑棋必为偶数个**。

观众的行动可以是以下 (1)~(3) 三种情况之一。

(1) 观众翻转白棋。那么，黑棋就增加了 1 枚，即黑棋变为奇数个。
(2) 观众翻转黑棋。那么，黑棋就减少了 1 枚，黑棋也变为奇数个。
(3) 观众不翻转棋子。黑棋仍然是偶数个。

魔术师摘下眼罩，马上数出黑棋的个数。如果黑棋为奇数个，就说"观众翻转了棋子"。如果为偶数个，就说"没有翻转棋子"。

这里，徒弟摆放棋子使"黑棋个数为偶数"。若使"黑棋个数为奇数"也可以，只要魔术师和徒弟事先商量好就行。

奇偶校验

我们将魔术师和徒弟表演的戏法想作白棋为 2 进制的 0，黑棋为 2 进制的 1，那么它就和计算机通信中奇偶校验的方法是一样的。

徒弟是发送方，魔术师是接收方。中途翻转黑白棋的观众所扮演的角色就是"干扰通信的噪声（noise）"。

徒弟作为发送方放置的 1 个棋子，在通信领域中被称为奇偶校验位（parity bit）。魔术师作为接收方，通过检查摆放的棋子的奇偶性来判断是否因噪音发生了通信错误。至于奇偶校验位是设为偶数还是奇数，那是在发送方和接收方之间的通信规则中所约定的。

奇偶校验位将数字分为 2 个集合

另外，也可以这么思考。7 枚棋子的排列法总共有 $2^7 = 128$ 种，其中一半（64 种）是黑棋为偶数个，另一半（64 种）是黑棋为奇数个。128 种组合被分为了 2 组。

魔术师的徒弟添加的 1 枚棋子，起到了标识目前 7 枚棋子的摆法属于哪组的作用。有摆放黑棋或摆放白棋 2 种情况，以此来区分 2 个组。

寻找恋人的思考题

思考题（寻找恋人）

在一个小王国中，有 8 个村子（A ~ H）。如图 3-8 所示，各村之间有道路相连（黑点表示村子，线表示道路）。而你要寻找流浪在这个王国的你唯一的恋人。

你的恋人住在这 8 个村子中的某一个里。她每过 1 个月便顺着道路去另一个村子，每个月都一定会换村子，然而选择哪个村子是随机的，预测不了。例如，如果恋人这个月住在 G 村，那么下个月就住在 "C, F, H 中的某个村子"。

目前你手头上掌握的确凿信息只有：1 年前（12 个月前），恋人住在 G 村。请求出这个月恋人住在 A 村的概率。[①]

---

① 这个问题参考了《マスター・オブ・場合の数》（栗田哲也 等著，东京出版社），书名译为《精通情况数》，尚无中文版。

┃ 提示：先试算较小的数

恋人 12 个月前住在 G 村。那就意味着，在这 12 个月中，恋人从 G 开始随机地移动了 12 次。这次的问题就是要求出移动 12 次后恋人在 A 处的概率。

我们先不考虑 12 次移动，还是**从较小的数着手**。

┃ **图 3-8　某个小王国的 8 个村子和道路**

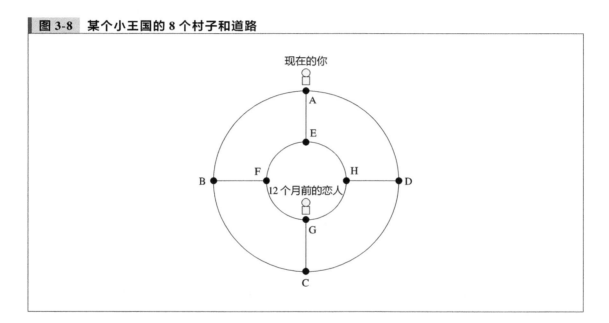

┃ **思考题答案**

12 个月前（第 0 次移动），恋人在 G。

11 个月前（第 1 次移动），恋人在 C, F, H 其中之一。

10 个月前（第 2 次移动），恋人在 B, D, E, G 其中之一。

9 个月前（第 3 次移动），恋人在 A, C, F, H 其中之一。

8 个月前（第 4 次移动），恋人在 B, D, E, G 其中之一。

从这之后，奇数次移动时，恋人在 A, C, F, H 其中之一；偶数次移动时，在 B, D, E, G 其中之一。因此我们得出，现在（第 12 次移动）恋人在 B, D, E, G 其中之一，并不在 A 村（图 3-9）。

答案：概率为 0。

图 3-9 考虑前 4 次移动的可能去向

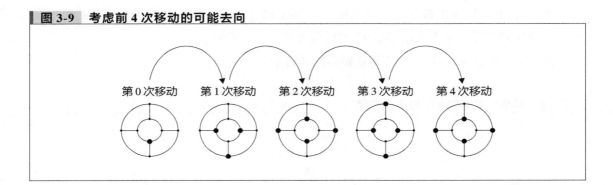

第 0 次移动　第 1 次移动　第 2 次移动　第 3 次移动　第 4 次移动

回顾

这个问题的有趣之处在哪儿呢？

恋人游移不定地在各个村子之间辗转。或从 G 移到 C，或从 G 移到 F。假如到了 F，下次又可能去 E，也可能返回 G。如果这样考虑恋人所经过的"路线"的话，就必须研究很多种可能性。

而在刚才的答题过程中，我们并不着眼于路线，而是关注目的地。这样，问题就迎刃而解了。

以 G 为起点，我们将恋人移动奇数次到达的目的地称作"奇数村"，移动偶数次到达的目的地称作"偶数村"（图 3-10）。

图 3-10 分为"奇数村"和"偶数村"

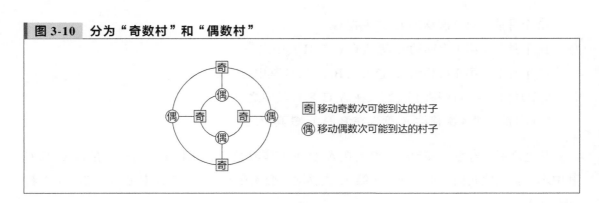

奇 移动奇数次可能到达的村子
偶 移动偶数次可能到达的村子

奇数村为 A, C, F, H

偶数村为 B, D, E, G

本题的解答要点是，不是分别考虑这 8 个村的情况，而是将 8 个村分为奇数村和偶数村 2 组来解答。因为就算不知道第 12 次移动具体到达了 8 个村里面的哪个村，但能知道是在奇数村还是偶数村。

A ~ H 这 8 个村没有一个是既属于奇数村又属于偶数村的。

并且，所有这 8 个村必定属于奇数村或偶数村的其中之一。

即，奇数村和偶数村的分类是"兼具排他性和完整性的分类"。并且，从奇数村移动 1 次就到了偶数村，从偶数村移动 1 次就到了奇数村。通过该规律，就能够解答这个问题。本题也是奇偶校验的一个例子。

铺设草席的思考题

思考题（在房间里铺设草席）

如图 3-11 所示，有这样一个房间。使用图中右下角所示的草席能够正好铺满房间吗？前提是不能使用半张草席。

如果不能的话，请说明理由。

图 3-11　在房间里能正好铺满草席吗

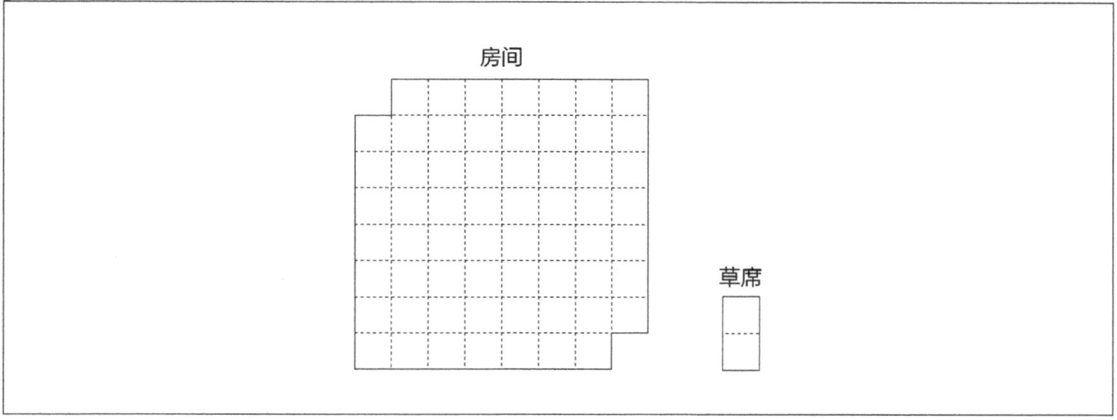

提示：先计算一下草席数

我们先以"半张草席"为单位计算一下房间面积。1 张草席由 2 个半张组成，如果房间面积按"半张草席"计算得到的结果为奇数，则说明"不能正好铺满"。

计算结果是房间可以铺下 62 张"半张草席"。可是 62 是偶数，这就不能光靠其奇偶性来判断能否正好铺满了。

还能找出更好的分类方法吗?

思考题答案

如图 3-12 所示，以"半张草席"为单位涂上颜色以示区分。

图 3-12　以"半张草席"为单位给房间涂上颜色以示区分

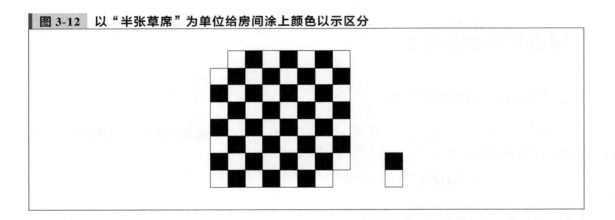

现在我们就来数一数分别有几张黑色和白色的"半张草席"。

· 黑色的"半张草席"…… 30 张
· 白色的"半张草席"…… 32 张

而一整张草席，是由黑色的"半张草席"和白色的"半张草席"组成的。也就是说，不管用几张草席铺满房间，黑色的"半张草席"和白色的"半张草席"在数量上必须相等才对。

因此我们可以得出答案——不能正好铺满房间。

回顾

几乎每翻开一本智力书都能看到类似的思考题。原来这个问题也可以通过奇偶校验来解决呢!

如果想通过计算解答,可以进行如下思考。

· 将黑色的"半张草席"的数量记作 +1
· 将白色的"半张草席"的数量记作 −1

然后将两种"半张草席"的数量相加,再判断计算结果是否为 0。如果不是 0,就不能正好铺满。不过假如计算结果为 0,也并不一定说明能正好铺满。因为"逆命题不一定为真"。

使用这种奇偶校验的判定方法是非常有效的。铺设草席的方法有很多,要证明"不能铺满"的话,必须罗列出所有情况。然而,只要运用奇偶校验,不用反复试验(trial and error)就能回答"不能"。

这里,希望大家注意的是,要进行有效的奇偶校验,必须找到"合适的分类方法"。例如在寻找恋人的问题中,我们分为了奇数村和偶数村。而在铺设草席的问题中,我们为房间的方格涂上了黑白相间的颜色。我们不需要反复试验,需要的是"灵感"!

一笔画的思考题

思考题(哥尼斯堡七桥问题)

在很久以前,有一个叫哥尼斯堡[①]的小城。小城被河流分割成了 4 块陆地。人们为了连接这些陆地,建设了 7 座桥(图 3-13)。

---

① 哥尼斯堡是哲学家伊曼努尔·康德的故乡。现在位于俄罗斯,改名为加里宁格勒。

图 3-13 哥尼斯堡七桥问题

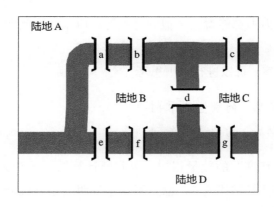

现在你要找出**走遍 7 座桥**的方法。但是，必须遵守以下条件。

- 走过的桥不能再走
- 可以多次经过同一块陆地
- 可以以任一陆地为起点
- 不需要回到起点

最后，如果能够走遍 7 座桥的话，请说明一下方法。如果不能的话，也请证明一下。

提示：试算一下

其实这就是"一笔画"的问题。我们看着地图试算一下吧。

- 假设从 A 出发
- 从 A 出发，经过桥 a，到达 B
- 从 B 出发，经过桥 b，回到 A
- 从 A 出发，经过桥 c，到达 C
- 从 C 出发，经过桥 d，到达 B
- 从 B 出发，经过桥 e，到达 D
- 从 D 出发，经过桥 f，回到 B

到这里为止，与 B 相接的桥都已经走过了，无法再进行下去。用这种方法，走不到桥 g（图 3-14）。

请读者朋友们也多用几种方法走走看。

尝试多次后，发现根本不可能走遍 7 座桥。但是，在得出"绝对不可能走遍 7 座桥"的结论之前，必须将它**证明**出来。因为或许有走遍 7 座桥的方法，只是自己没有发现而已。

图 3-14　**试行路线（走不到桥 g）**

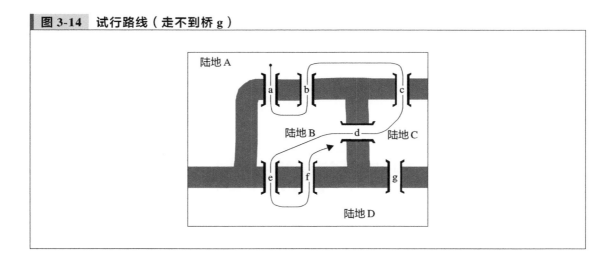

提示：考虑简化一下

将"从 A 出发，经过桥 a，到达 B"这种路线一一画出来是相当麻烦的。我们不妨抛开地图，简化成图 3-15。当然，虽说是简化，但原来地图上"陆地的连接方式"是不变的。我们将这种图形化的"连接方式"称作"**图**"（graph）。

在图 3-15 中，用白色的圆圈来表示陆地 A, B, C, D，我们称其为"顶点"。用顶点之间的连线来表示桥 a, b, c, d, e, f, g，我们称其为"边"。

顺便提一下，数学家**莱昂哈德·欧拉**（Leonhard Euler，1707—1783）已经将这个哥尼斯堡七桥问题作为一笔画问题解决了。这就是**图论**的开山鼻祖。

图 3-15　用图来表示问题

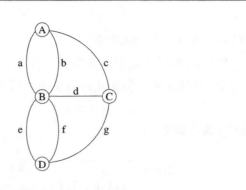

提示：考虑入口和出口

在反复试验的过程中，我们注意到了这些现象。要通过 1 个顶点，这个顶点必须具有 2 条边，即"入口边"和"出口边"。1 个顶点关联着多条边，但是每通过顶点一次，这个顶点就减去 2 条边。这就是暗藏玄机之处。

思考题答案

顶点所关联的边数，称作该顶点的度数（图 3-16）。

图 3-16　度数

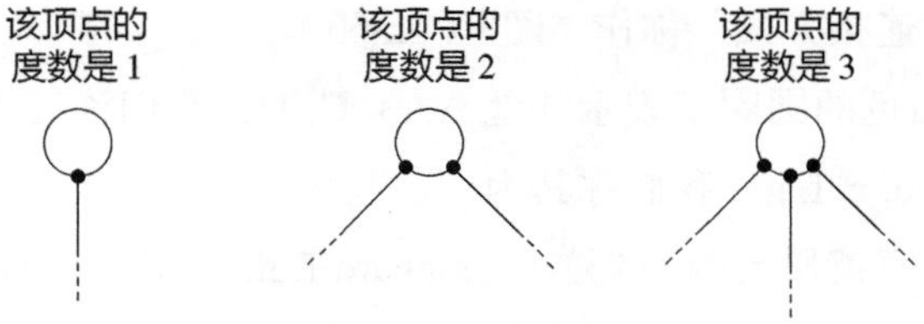

该顶点的　　　该顶点的　　　该顶点的
度数是 1　　　度数是 2　　　度数是 3

度数为偶数的顶点称为"偶点"，度数为奇数的顶点称为"奇点"（图 3-17）。

接下来，顺着图中的边走，在经过的边的端点处打上钩，并相应减少顶点的度数。我们将此称为"边走边减"。

图 3-17　**偶点和奇点**

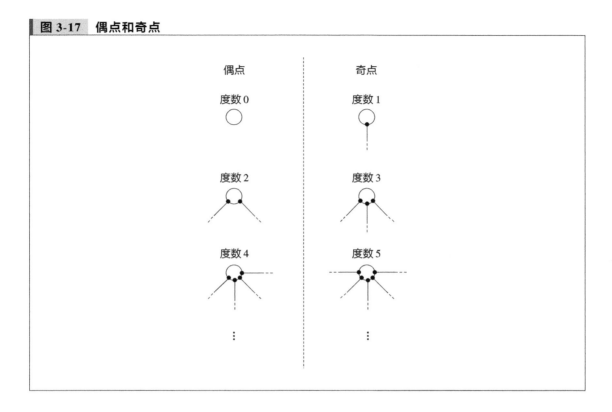

[我们目前不关心边具体是从哪里开始，通过什么路径，只看顺着边走时顶点的度数是如何变化的。]

出发时，起点的顶点度数减 1。

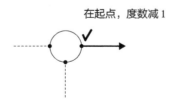

途中每经过一个顶点时，该顶点的度数减 2，因为经过了"入口边"和"出口边"。

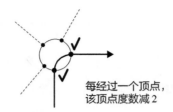

每经过一个顶点，
该顶点度数减 2

每次经过顶点，顶点的度数都减 2。因此不管经过顶点几次，经过的顶点的奇偶性不变，即偶点还是偶点，奇点还是奇点。

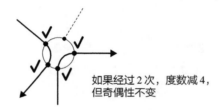

如果经过 2 次，度数减 4，
但奇偶性不变

到达终点时，该顶点的度数减 1。

在终点，度数减 1

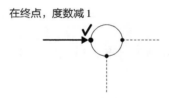

我们假设如此"完成了一笔画"，那么可能出现以下两种情况。

(1) 起点和终点相同的情况

一笔画成，也就意味着"边走边减"的结果是所有的顶点的度数变为 0（偶数）。为什么呢？因为如果还存在度数不为 0 的顶点，那么也就存在没经过的边。

经过"边走边减"之后，经过的顶点的奇偶性不变。由此我们可知度数变为 0（偶数）的经过点，在原图中本来就是偶点。

此外，起点度数减 1，终点度数也减 1，变为 0。然而，起点和终点是相同的，因此相同顶点的度数减了 2，所以该顶点也变成了偶点。

结论，在"起点和终点相同"的一笔画中，图中的顶点**都是偶点**。

(2) 起点和终点不同的情况

和 (1) 相同的思路，经过的顶点全部是偶点。只有起点和终点是奇点。据此，在"起点和终点不同"的一笔画中，图中只有 **2 个奇点**。

至此，我们可知以下命题是成立的[①]。

（如果）"可以一笔画成" ⟹ "所有的顶点都是偶点，或者有 2 个奇点"

我们回到哥尼斯堡七桥问题。如果七桥能用一笔画通过的话，那么应该满足"所有顶点都是偶点，或者有 2 个奇点"。

我们来看看哥尼斯堡七桥（下图所示）的顶点。数一下关联各顶点的边数，就能马上知道奇偶性。如图 3-18 所示，4 个顶点都是奇点。

由此证明了在给定的条件下不能走遍哥尼斯堡七桥。

图 3-18　观察哥尼斯堡七桥的顶点

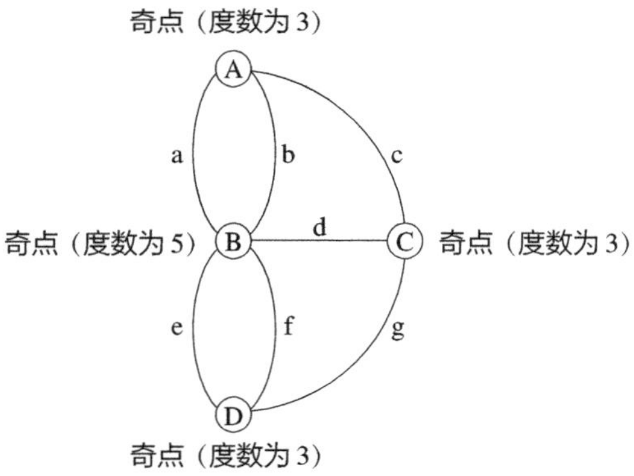

奇点（度数为 3）

A

a　b　c

奇点（度数为 5）　B　d　C　奇点（度数为 3）

e　f　g

D

奇点（度数为 3）

奇偶校验

大家理解了欧拉的"如果能够一笔画成，必须满足所有顶点都是偶点或者只有 2 个奇点"这一论断了吧。根据这一论断，我们证明了哥尼斯堡七桥是不能走遍的。

欧拉的论断重点在于：不反复试验也能证明不能一笔画成。不用频繁地试走各种路径，

---

① 该命题的逆命题"所有的顶点都是偶点，或者有 2 个奇点" ⟹ "可以一笔画成"也成立，在此省略证明过程。

只要观察各顶点的度数就行了。

　　另外，欧拉的证明中蕴含着很重要的思维方法。那就是在观察各顶点的边数时，着眼点不在"数的本身"，而是"数的奇偶性"。并不是 1 条、3 条、5 条这样分散地思考路径，而是概括为"奇数条"来整体考虑。在一笔画的问题中，这个"奇偶性"是解题的关键。这又是奇偶校验的一个例子。

本章小结

　　本章通过解答各种问题学习了余数。

　　对于难以处理的庞大数值，只要发现其周期性并使用余数，就能够简化问题。

　　此外，还可以根据余数结果的差异，将许多事物进行分组。我们还通过草席铺设问题和哥尼斯堡七桥问题，了解到只要运用奇偶性就能省略反复试验的过程。

　　当我们"想要详细地研究"事物时，往往容易陷入"想正确把握所有细节"的思维。但是，像奇偶性校验那般，较之"正确地把握"，有时"准确地分类"更为有效。

　　人们只要发现了周期性和奇偶性，就能将大问题转换为小问题来解决。余数就是其中一种重要的武器。

　　下一章，我们将学习只用两步就能解决无穷问题的方法——数学归纳法。

◎ **课后对话**

　　学生：老师，我的人生出现了 360 度的大转弯呢！

　　老师：360 度的话，不就是没发生变化吗？

第 **4** 章

数学归纳法
——如何征服无穷数列

◎ 课前对话

老师：假设现在有一排多米诺骨牌。如何将它们全部推倒呢？

学生：这个简单！只要将它们排列成其中一个一倒就能顺次带倒下一个的形状就行了。

老师：这样还不够噢！

学生：啊？为什么呢？

老师：因为还需要推倒第一个多米诺骨牌。

学生：那不是理所当然的嘛！

老师：正是！这样你就能理解数学归纳法的两个步骤了。

本章学习内容

本章我们要学习的是数学归纳法。数学归纳法是证明某断言对于 0 以上的所有整数（0, 1, 2, 3, …）都成立的方法。0 以上的整数 0, 1, 2, 3, … 有无穷个，但若使用数学归纳法，只需要经过"两个步骤"，就能证明有关无穷的命题。

首先，我们以求出 1 到 100 之和为例介绍数学归纳法。接着会穿插几道思考题来看一下数学归纳法的具体实例。最后，我们会讨论数学归纳法和编程的关系，一起了解一下循环不变式。

高斯求和

思考题（存钱罐里的钱）

在你面前有一个空存钱罐。

- 第 1 天，往存钱罐里投入 1 元。存钱罐中总金额为 1 元
- 第 2 天，往存钱罐里投入 2 元。存钱罐中总金额为 $1 + 2 = 3$ 元
- 第 3 天，往存钱罐里投入 3 元。存钱罐中总金额为 $1 + 2 + 3 = 6$ 元
- 第 4 天，往存钱罐里投入 4 元。存钱罐中总金额为 $1 + 2 + 3 + 4 = 10$ 元

那么，每天都这样往存钱罐里投入硬币的话，第 100 天时的总金额为多少呢？

思考一下

本题要求算出第 100 天时存钱罐的总金额。要求出第 100 天的金额，只要计算 1 + 2 + 3 + ⋯ + 100 的值就行了。那么，具体应如何计算呢？

一般来说，最先想到的肯定是机械地将它们逐个相加。1 加 2, 再加 3, 再加 4, ⋯, 再加 99, 再加 100。只要这样加起来就能得出答案了吧。如果说笔算比较花时间的话，也可以使用计算器或编程来计算。

不过，德国数学家高斯在 9 岁时遇到了同样的问题，却马上得出了答案。当时他既没用计算器也没用计算机。那么，他究竟是如何做到的呢？

小高斯的解答

小高斯是这么考虑的。

1 + 2 + 3 + ⋯ + 100 顺次计算的结果和 100 + 99 + 98 + ⋯ + 1 逆向计算的结果应该是相等的。那么，就将这两串数字像下面那样纵向地相加。

$$
\begin{array}{r}
1 + \quad 2 + \quad 3 + \cdots + \quad 99 + 100 \\
+)\ 100 + \quad 99 + \quad 98 + \cdots + \quad 2 + \quad 1 \\
\hline
\underbrace{101 + 101 + 101 + \cdots + 101 + 101}_{\text{有 100 个 101}}
\end{array}
$$

如此一来，就变成了 101 + 101 + 101 + ⋯ + 101 那样 100 个 101 相加的结果。这样的计算就非常简单了。只要将 101 乘以 100 即可，结果为 10 100。不过 10 100 是要求的数的 2 倍，因此还得除以 2，答案为 5050。

答案：5050 元。

讨论一下小高斯的解答

小高斯的方法可谓绝妙非凡！

为了便于大家理解，我们将小高斯的方法用图来表示。求 1 + 2 + 3 + ⋯ + 100 的结果，相当于计算图 4-1 所示的排列成阶梯型的瓷砖块数。

图 4-1   将小高斯的方法图形化

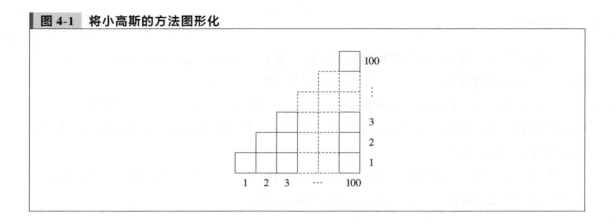

小高斯则又做了一个一模一样的阶梯，并将两者合二为一，组成了一个长方形（图 4-2 ）。

图 4-2   将两个阶梯组合成一个长方形

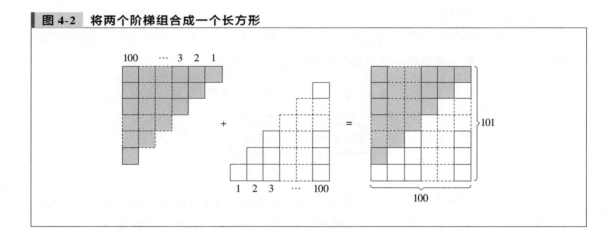

由两个阶梯组合而成的长方形，纵向有 101 块瓷砖，横向有 100 块瓷砖。因此，该长方形由 101 × 100 = 10 100 块瓷砖构成。而所求的瓷砖块数就是 10 100 的一半，即 5050。

我们来说一说小高斯的计算效率。使用他的方法不需要花费力气逐个相加。只要将两端的 1 和 100 相加，结果乘以 100 再除以 2 就行了。

现在，假设我们不是从 1 加到 100，而是从 1 加到 10 000 000 000（100 亿）。这次我们就不能采用逐一相加的方法了。因为即使计算器 1 秒能完成 1 次加法计算，加到 100 亿也得花 300 年以上的时间。

不过，如果使用小高斯的方法，那么从 1 加到 100 亿也只要 1 次加法、1 次乘法、1 次除法运算即可完事。我们来实际计算一下。

$$\frac{(10\ 000\ 000\ 000 + 1) \times 10\ 000\ 000\ 000}{2} = 50\ 000\ 000\ 005\ 000\ 000\ 000$$

高斯（Karl Friedrich Gauss，1777—1855）后来成为了历史上著名的数学家。

归纳

小高斯运用了以下等式。

$$1 + 2 + 3 + \cdots + 100 = \frac{(100 + 1) \times 100}{2}$$

这里，使用变量 n，将"1 到 100"归纳为"0 到 n"。这样，上面的等式就变为如下形式。

$$0 + 1 + 2 + 3 + \cdots + n = \frac{(n + 1) \times n}{2}$$

那么，这个等式对于 0 以上的任意整数 n 都成立吗？即 n 为 100、200，或者 100 万、100 亿时该等式也都成立吗？如果成立的话，又如何来证明呢？

这种时候就要用到数学归纳法了。数学归纳法是证明"断言对于 0 以上的所有整数 n 都成立"的方法。

学生："对于所有整数 n"，总觉得这种说法别扭。

老师：别扭？

学生：会感觉头脑中充满了整数。

老师：那么，改为"对于任一整数 n"怎么样？

学生：啊！那样感觉稍微舒服些。

老师：其实说的是一回事呢!

数学归纳法——如何征服无穷数列

本节，我们就来讨论一下数学归纳法的相关内容。首先，从"0 以上的整数的断言"开始学起，然后使用数学归纳法来证明小高斯的断言。

0 以上的整数的断言

"0 以上的整数 n 的断言",就是能够判定 $0, 1, 2$ 等各个整数为"真"或"假"的断言。这样说明或许难以理解,下面就举几个例子。

● **例 1**

· 断言 $A(n)$:$n \times 2$ 为偶数

$A(n)$,即"$n \times 2$ 为偶数"的断言。由于 n 为 0 时,$0 \times 2 = 0$ 为偶数,所以 $A(0)$ 为真。

$A(1)$ 又怎么样呢?因为 $1 \times 2 = 2$ 为偶数,所以 $A(1)$ 也为真。

那是否可以说断言 $A(n)$,对于 0 以上的所有整数 n 都为真呢?

对!可以这么说。因为 0 以上的任意整数乘以 2 的结果都为偶数,所以对于 0 以上的所有整数,断言 $A(n)$ 都为真。

● **例 2**

· 断言 $B(n)$:$n \times 3$ 为奇数

那么,断言 $B(n)$ 又将如何呢?该断言对于 0 以上的所有整数 n 都成立吗?

例如,假设 n 为 1,则断言 $B(1)$ 就是"1×3 为奇数",这个结果为真。但不能说对于 0 以上的所有整数 n,断言 $B(n)$ 都为真。因为假设 n 为 2,则 $n \times 3$ 的值为 $2 \times 3 = 6$。而 6 是偶数,所以断言 $B(2)$ 不为真(为假)。

$n = 2$ 是推翻"断言 $B(n)$ 对于 0 以上的所有整数 n 都成立"的反例之一。

● **其他例子**

那么请思考一下,在下面 4 个断言中,对于 0 以上的所有整数 n 都成立的有哪些。

· 断言 $C(n)$:$n + 1$ 为 0 以上的整数
· 断言 $D(n)$:$n - 1$ 为 0 以上的整数
· 断言 $E(n)$:$n \times 2$ 为 0 以上的整数
· 断言 $F(n)$:$n \div 2$ 为 0 以上的整数

断言 $C(n)$,对于 0 以上的所有整数 n 都成立。因为若 n 为 0 以上的整数,则 $n + 1$ 肯定是 0 以上的整数。

断言 $D(n)$，对于 0 以上的所有整数 n 不成立。例如，断言 $D(0)$ 为假。因为 $0 - 1 = -1$，不是 0 以上的整数。$n = 0$ 是唯一的反例。

断言 $E(n)$，对于 0 以上的所有整数 n 都成立。

断言 $F(n)$，对于 0 以上的所有整数 n 不成立。因为当 n 为奇数时，$n \div 2$ 的结果不是整数。

小高斯的断言

在讨论了"0 以上的整数 n 的断言"之后，我们将话题转回小高斯的断言。

可以使用下述有关 n 的断言形式来表现小高斯的观点。

· 断言 $G(n)$：0 到 n 的整数之和为 $\frac{n \times (n+1)}{2}$

接下来要证明的是，"$G(n)$ 对于 0 以上的所有整数 n 都成立"。可以通过描画前面的阶梯状的图（图 4-1）来证明，但是有人可能会有这样的疑问：0 以上的整数有 $0, 1, 2, 3$ 等**无穷个数**，而图中表现的只是其中一种情况。当 $G(1\,000\,000)$ 时也成立吗？

确实，0 以上的整数有无穷个。这就要通过引入"数学归纳法"来证明了。使用数学归纳法能够进行 0 以上的所有整数的相关证明。

什么是数学归纳法

数学归纳法是证明有关整数的断言对于 0 以上的所有整数（$0, 1, 2, 3, \cdots$）是否成立时所用的方法。

假设现在要用数学归纳法来证明"断言 $P(n)$ 对于 0 以上的所有整数 n 都成立"。

数学归纳法要经过以下两个步骤进行证明。这是本章的核心内容，请大家仔细阅读。

· 步骤 1

　　证明"$P(0)$ 成立"

· 步骤 2

　　证明不论 k 为 0 以上的哪个整数，"若 $P(k)$ 成立，则 $P(k + 1)$ 也成立"

在步骤 1 中，要证明当 k 为 0 时断言 $P(0)$ 成立。我们将步骤 1 称作**基底**（base）。

在步骤 2 中，要证明无论 k 为 0 以上的哪个整数，"若 $P(k)$ 成立，则 $P(k + 1)$ 也成立"。

我们将步骤 2 称作**归纳**（induction）。该步骤证明断言若对于 0 以上的某个整数成立，则对于下一个整数也成立。

若步骤 1 和步骤 2 都能得到证明，就证明了"断言 $P(n)$ 对于 0 以上的所有整数 n 都成立"。

以上就是数学归纳法的证明方法。

试着征服无穷数列

数学归纳法通过步骤 1（基底）和步骤 2（归纳）两个步骤，证明断言 $P(n)$ 对于 0 以上的所有整数 n 都成立。

为什么只通过两个步骤的证明，就能证明无穷的 n 呢？请作如下思考。

- 断言 $P(0)$ 成立

  理由：步骤 1 中已经证明。
- 断言 $P(1)$ 成立

  理由：$P(0)$ 已经成立，并且步骤 2 中已证明若 $P(0)$ 成立，则 $P(1)$ 也成立。
- 断言 $P(2)$ 成立

  理由：$P(1)$ 已经成立，并且步骤 2 中已证明若 $P(1)$ 成立，则 $P(2)$ 也成立。
- 断言 $P(3)$ 成立

  理由：$P(2)$ 已经成立，并且步骤 2 中已证明若 $P(2)$ 成立，则 $P(3)$ 也成立。

这样循环往复，可以说断言 $P(n)$ 对于任意整数 n 都成立。无论 n 为多大的整数都没关系。因为即使设 n 为 10 000 000 000 000 000，经过机械式地反复执行步骤 2，终究可以证明 $P(10\ 000\ 000\ 000\ 000\ 000)$ 成立。

这种数学归纳法的思路可以比喻为"推倒多米诺骨牌"。

假设现在有很多多米诺骨牌排成一列。只要保证以下两个步骤，那么无论多米诺骨牌排得有多长最终都能倒下。

- 步骤 1

  确保让第 0 个多米诺骨牌（排头的多米诺骨牌）倒下
- 步骤 2

  确保只要推倒第 k 个多米诺骨牌，那么第 $k+1$ 个多米诺骨牌也会倒下推倒多米诺骨牌的两个步骤和数学归纳法的两个步骤一一对应。

数学归纳法并不像"推倒多米诺骨牌"那样关注所用的时间。数学归纳法和编程不同，往往使用的是忽略时间的方法。这就是数学和编程之间最大的差异。

用数学归纳法证明小高斯的断言

下面我们就以证明小高斯的断言 $G(n)$ 为例具体看看数学归纳法。首先讨论断言 $G(n)$。

· 断言 $G(n)$：0 到 n 的整数之和与 $\frac{n \times (n+1)}{2}$ 相等

使用数学归纳法就需要通过步骤 1（基底）和步骤 2（归纳）来证明。

● 步骤 1：基底的证明

证明 $G(0)$ 成立。

$G(0)$ 就是"0 到 0 的整数之和与 $\frac{0 \times (0+1)}{2}$ 相等"。

这可以通过直接计算证明。0 到 0 的整数之和是 0，$\frac{0 \times (0+1)}{2}$ 也是 0。

至此，步骤 1 证明完毕。

● 步骤 2：归纳的证明

证明当 k 为 0 以上的任一整数时，"若 $G(k)$ 成立，则 $G(k+1)$ 也成立"。

现假设 $G(k)$ 成立。即假设"0 到 k 的整数之和与 $\frac{k \times (k+1)}{2}$ 相等"。这时，以下等式成立。

假设成立的等式 $G(k)$

$$0 + 1 + 2 + \cdots + k = \frac{k \times (k+1)}{2}$$

下面，我们来证明 $G(k+1)$ 成立。

要证明的等式 $G(k+1)$

$$0 + 1 + 2 + \cdots + k + (k+1) = \frac{(k+1) \times ((k+1)+1)}{2}$$

$G(k+1)$ 的左边使用假设的等式 $G(k)$ 可以进行如下计算。

$$G(k+1)\ 的左边 = \underbrace{0+1+2+\cdots+k}_{G(k)\ 的左边}+(k+1)$$

$$= \underbrace{\frac{k \times (k+1)}{2}}_{G(k)\ 的右边}+(k+1) \qquad 将\ G(k)\ 的左边替换为\ G(k)\ 的右边$$

$$= \frac{k \times (k+1)}{2} + \frac{2 \times (k+1)}{2} \qquad 将\ (k+1)\ 转换为分数形式$$

$$= \frac{k \times (k+1) + 2 \times (k+1)}{2} \qquad 分母相同，分子相加$$

$$= \frac{(k+1) \times (k+2)}{2} \qquad 合并同类项\ (k+1)$$

而 $G(k+1)$ 的右边可以进行如下计算。

$$G(k+1)\ 的右边 = \frac{(k+1) \times ((k+1)+1)}{2}$$

$$= \frac{(k+1) \times (k+2)}{2} \qquad 算出\ ((k+1)+1)\ 的结果$$

$G(k+1)$ 的左边和右边的计算结果相同。

由此，从 $G(k)$ 到 $G(k+1)$ 推导成功，步骤 2 得到了证明。

至此，通过数学归纳法的步骤 1 和步骤 2 证明了断言 $G(n)$。也就是说通过数学归纳法证明了断言 $G(n)$ 对于 0 以上的任意整数 n 都成立。

求出奇数的和——数学归纳法实例

本节，我们使用数学归纳法来证明另一个断言。

通过数学归纳法证明

请证明以下断言 $Q(n)$ 对于 1 以上的所有整数 n 都成立。

· 断言 $Q(n)$：$1 + 3 + 5 + 7 + \cdots + (2 \times n - 1) = n^2$

$Q(n)$ 是比较有意思的断言。按从小到大的顺序将 n 个奇数相加，得到 n^2，即平方数 $n \times n$。这对吗？在证明之前，先通过较小的数 $n = 1, 2, 3, 4, 5$ 判断 $Q(n)$ 的真假。

· 断言 $Q(1)$：$1 = 1^2$

· 断言 $Q(2)$：$1 + 3 = 2^2$

· 断言 $Q(3)$：$1 + 3 + 5 = 3^2$

· 断言 $Q(4)$：$1 + 3 + 5 + 7 = 4^2$

· 断言 $Q(5)$：$1 + 3 + 5 + 7 + 9 = 5^2$

通过以上计算发现断言确实是成立的。

通过数学归纳法证明

下面我们来证明"断言 $Q(n)$ 对于 1 以上的所有整数 n 都成立"。为此，需要通过数学归纳法的两个步骤进行证明。

虽然这次要证明的不是"0 以上的……"，而是"1 以上的……"，但只要将 0 换成 1 来进行基底的证明就可以使用数学归纳法了。

●步骤 1：基底的证明

证明 $Q(1)$ 成立。

因为 $Q(1) = 1^2$，所以确实成立。

步骤 1 证明完毕。

●步骤 2：归纳的证明

证明 k 为 1 以上的任意整数时，"若 $Q(k)$ 成立，则 $Q(k + 1)$ 也成立"。现假设 $Q(k)$ 成立，即以下等式成立。

假设成立的等式 $Q(k)$

$$1 + 3 + 5 + 7 + \cdots + (2 \times k - 1) = k^2$$

下面证明 $Q(k + 1)$ 等式成立。

要证明的等式 $Q(k + 1)$

$$1 + 3 + 5 + 7 + \cdots + (2 \times k - 1) + (2 \times (k + 1) - 1) = (k + 1)^2$$

$Q(k+1)$ 的左边使用假设的等式 $Q(k)$ 可以进行如下计算。

$$Q(k+1) \text{ 的左边} = \underbrace{1+3+5+7+\cdots+(2\times k-1)}_{Q(k) \text{ 的左边}}+(2\times(k+1)-1)$$

$$= \underbrace{k^2}_{Q(k) \text{ 的右边}}+(2\times(k+1)-1) \qquad \text{将 } Q(k) \text{ 的左边替换为 } Q(k) \text{ 的右边}$$

$$= k^2+2\times k+2-1 \qquad \text{展开 } 2\times(k+1)$$

$$= k^2+2\times k+1 \qquad \text{计算 } 2-1$$

而 $Q(k+1)$ 的右边可以进行如下计算。

$$Q(k+1) \text{ 的右边} = (k+1)^2$$

$$= k^2+2\times k+1 \qquad \text{展开 } (k+1)^2$$

$Q(k+1)$ 的左边和右边计算结果相同。

由此，从 $Q(k)$ 到 $Q(k+1)$ 推导成功，步骤 2 得到了证明。

至此，通过数学归纳法的步骤 1 和步骤 2 证明了断言 $Q(n)$。也就是说，通过数学归纳法，证明了断言 $Q(n)$ 对于 1 以上的任意整数 n 都成立。

图形化说明

断言 $Q(n)$ 也可以用图来进行说明。下面我们来看看 $Q(5)$ 的图示（图 4-3）。

图 4-3 $Q(5)$ 的图示

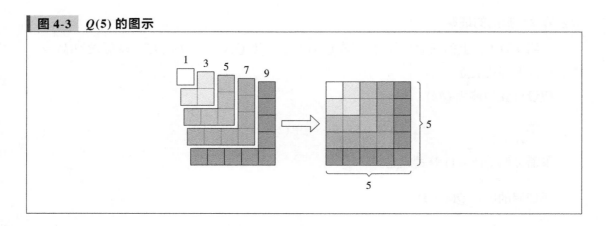

1 块瓷砖、3 块瓷砖、5 块瓷砖、7 块瓷砖、9 块瓷砖可以构成 5×5 的正方形。这正好相当于断言 $Q(5)$。

通过图示来进行说明是直观易懂的。但是过于依赖图就有问题了。下一节我会举出几个容易为图所惑的例子，一起看看吧。

黑白棋思考题——错误的数学归纳法

本节，我们来看几个使用数学归纳法时被图干扰的例子。问题已经准备好了，我们来找出证明过程中的错误吧。

思考题（黑白棋子的颜色）

黑白棋一面是白色，一面是黑色（图 4-4）。现在，我们往棋盘上随便扔几枚棋子。有时会碰巧都是白色或都是黑色。但有时既有白棋，也有黑棋。

图 4-4　黑白棋的颜色（一面是白色，另一面是黑色）

使用数学归纳法可以"证明"投掷的黑白棋的颜色一定相同。然而现实中这却是不可能的。那么，请找出下述"证明"中的错误之处。

假设 n 为 1 以上的整数，用数学归纳法证明以下断言 $T(n)$ 对于 1 以上的所有整数 n 都成立。

- 断言 $T(n)$：投掷 n 枚黑白棋，所有棋子的颜色一定相同

● **步骤 1：基底的证明**

证明 $T(1)$ 成立。

断言 $T(1)$ 即"投掷 1 枚黑白棋子时，所有棋子的颜色一定相同"。棋子只有 1 个，颜色当然只有 1 种，因此 $T(1)$ 成立。

这样，步骤 1 就得到了证明。

● 步骤 2：归纳的证明

证明当 k 为 1 以上的任意整数时，"若 $T(k)$ 成立，则 $T(k+1)$ 也成立"。

首先假设"投掷 k 枚黑白棋子时，所有棋子的颜色一定相同"成立。现假设投掷 k 枚棋子后，再投掷一枚黑白棋。那么投掷的棋子总数为 $k+1$ 枚。

这里，将投掷的棋子以每 k 枚为单位分为两组，分别将这两组称为 A 和 B（图 4-5）。

图 4-5 将投掷的棋子以每 k 枚为单位分为两组

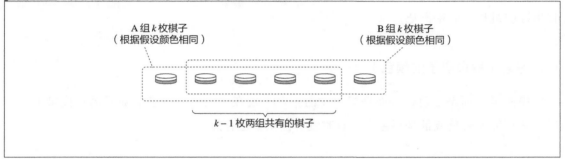

因为"投掷 k 枚黑白棋子时，所有的棋子的颜色一定相同"的假设成立，所以 A 组的棋子（k 枚）和 B 组的棋子（k 枚），分别都是相同色。而通过图 4-5 可见，两组共有的棋子为 $k-1$ 枚。因为各组的棋子颜色相同，又有两组共有的棋子，所以 $k+1$ 枚棋子颜色相同。这就是断言 $T(k+1)$。

这样，步骤 2 就得到了证明。

通过数学归纳法，证明了断言 $T(n)$ 对于 1 以上的所有整数 n 都成立。这个证明有什么不对的地方呢？

提示：不要为图所惑

数学归纳法由两个步骤组成。我们依次看看步骤 1 和步骤 2，找找错在哪里。请注意不要为图所惑。

思考题答案

步骤 1 没有问题。若棋子只有 1 枚，那么就只有 1 种颜色。

问题在步骤 2 的图（图 4-5）中。实际上，该图在 $k=1$ 时不成立。$k=1$ 时，两组棋子分别都只有 1 枚。双方共有的棋子为 $k-1$ 枚，而 $k-1=0$，所以不存在同属于两个组的棋子（图 4-6）。

图 4-6　$k=1$ 的情况

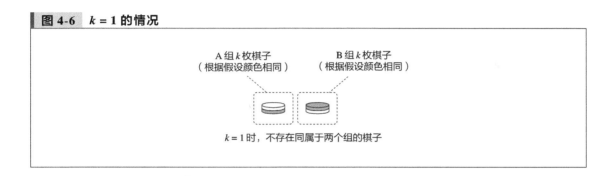

A 组 k 枚棋子
（根据假设颜色相同）　　　B 组 k 枚棋子
（根据假设颜色相同）

$k=1$ 时，不存在同属于两个组的棋子

因此在数学归纳法的两个步骤中，步骤 2 是无法得到证明的。

图虽然方便，但是通过本例可知，光靠图来解题是可能存在问题的。

编程和数学归纳法

下面我们站在程序员的角度来思考数学归纳法。

通过循环表示数学归纳法

程序员朋友在学习数学归纳法时，将证明当作编程来考虑可能更容易理解。例如，代码清单 4-1 所示的程序是一个 C 语言函数，功能是"证明断言 $P(n)$ 对于给定的 0 以上的整数 n 都成立"。如果完成了步骤 1 和步骤 2 的证明，那么只要调用该函数就能将"对于任意整数 n，$P(n)$ 成立"的证明过程显示出来。

代码清单 4-1 **prove 函数，证明 $P(n)$ 成立**

```
void prove(int n)
{
    int k;

    printf(" 现在开始证明 P(%d) 成立。\n", n);
    k = 0;
    printf(" 根据步骤 1 得出 P(%d) 成立。\n", k);
    while (k < n) {
        printf(" 根据步骤 2 可以说 "若 P(%d) 成立，则 P(%d) 也成立"。\n", k, k + 1);
        printf(" 因此，可以说 "P(%d) 是成立的"。\n", k + 1);
        k = k + 1;
    }
    printf(" 证明结束。\n");
}
```

传入实际的参数，调用 prove(n) 函数，会输出断言 $P(n)$ 成立的证明过程。

例如，调用 prove(0)，会输出下述断言 $P(0)$ 的证明过程。

现在开始证明 $P(0)$ 成立。

根据步骤 1 得出 $P(0)$ 成立。

证明结束。

而调用 prove(1)，会输出下述断言 $P(1)$ 的证明过程。

现在开始证明 $P(1)$ 成立。

根据步骤 1 得出 $P(0)$ 成立。

根据步骤 2 可以说 "若 $P(0)$ 成立，则 $P(1)$ 也成立"。

因此，可以说 "$P(1)$ 是成立的"。

证明结束。

我们再调用 prove(2)，会输出下述断言 $P(2)$ 的证明过程。

现在开始证明 $P(2)$ 成立。

根据步骤 1 得出 $P(0)$ 成立。

根据步骤 2 可以说 "若 $P(0)$ 成立，则 $P(1)$ 也成立"。

因此，可以说 "$P(1)$ 是成立的"。

根据步骤 2，可以说 "若 $P(1)$ 成立，则 $P(2)$ 也成立"。

因此，可以说 "$P(2)$ 是成立的"。

证明结束。

从 prove 函数的运行结果可以发现，首先在步骤 1 中证明了出发点，然后让 k 逐次递增 1，每次都进行步骤 2 的证明。由于 C 语言的 int 类型有大小限制，实际上不能进行无穷数的证明。不过从其结构可以看出，如果反复进行步骤 2 的证明，是可以证明 $P(0)$ 到 $P(n)$ 的。

阅读这段代码之后，大家就能够理解 "只通过步骤 1 和步骤 2，就证明了 0 以上的任意整数 n" 这一数学归纳法的思路了吧。这就像逐层递增的阶梯（图 4-7）。

图 4-7　prove 函数的行为

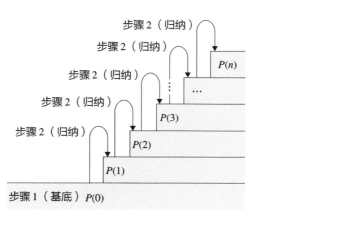

在学校学习数学归纳法之初，我不是很理解这个结构。虽说等式的计算并没有那么难，但我不认为数学归纳法是有效的证明方法。当初我搞不明白的是步骤 2。在步骤 2 中，要假设 $P(k)$ 成立，推导出 $P(k + 1)$。我当时却想："$P(k)$ 不是现在要证明的式子吗？如果这样假设就谈不上证明了吧。" 现在想起来，我是把 prove 函数的输入**参数 n**（目标阶梯）和

prove 函数中使用的**本地变量 k**（途经阶梯）混为一谈了。

循环不变式

熟练掌握数学归纳法的思路对于程序员来说是相当重要的。例如，要在程序中编写循环处理（loop）时数学归纳法是非常有用的。

在编写循环时，找到让每次循环都成立的逻辑表达式很重要。这种逻辑表达式称为**循环不变式**（loop invariant）。循环不变式相当于用数学归纳法证明的"断言"。

循环不变式用于证明程序的正确性。在编写循环时，思考一下"这个循环的循环不变式是什么"就能减少错误。

光这么说也许不容易理解。我还是以一个非常简单的例子来讲解循环不变式吧。

代码清单 4-2 是用 C 语言写的 sum 函数，功能是求出数组元素之和。参数 array[] 是待求和的数组，*size* 是这个数组的元素数。调用 sum 函数，会获得 array[0] 至 array[*size* − 1] 的 *size* 个元素之和。

代码清单 4-2 **sum 函数，求出数组的元素之和**

```c
int sum(int array[], int size)
{
    int k = 0;
    int s = 0;
    while (k < size) {
        s = s + array[k];
        k = k + 1;
    }
    return s;
}
```

在 sum 函数中使用了简单的 while 循环语句。我们从数学归纳法的角度来看这个循环，得出下述断言 $M(n)$。这个断言就是循环不变式。

• 断言 $M(n)$：数组 array 的前 n 个元素之和，等于变量 s 的值

我们在程序中成立的断言上标注注释，形成代码清单 4-3 所示的代码。

代码清单 4-3　在代码清单 4-2 中成立的断言上标注注释

```
1:   int sum(int array[], int size)
2:   {
3:       int k = 0;
4:       int s = 0;
5:       /* M(0) */
6:       while (k < size) {
7:           /* M(k) */
8:           s = s + array[k];
9:           /* M(k+1) */
10:          k = k + 1;
11:          /* M(k) */
12:      }
13:      /* M(size) */
14:      return s;
15:  }
```

在代码清单 4-3 的第 4 行，s 初始化为 0。由此，第 5 行的 $M(0)$ 成立。$M(0)$ 即为 "数组 array 的前 0 个元素之和等于变量 s 的值"。这相当于数学归纳法的步骤 1（图 4-8）。

图 4-8　数学归纳法的步骤 1（$M(0)$ 成立）

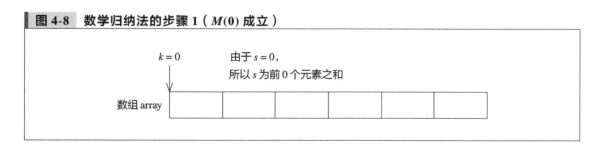

第 7 行中，$M(k)$ 成立。然后进行第 8 行的处理，将数组 array[k] 的值加入 s，因此 $M(k+1)$ 成立。这相当于数学归纳法的步骤 2（图 4-9）。

图 4-9 **数学归纳法的步骤 2（$M(k) \Rightarrow M(k+1)$ 成立）**

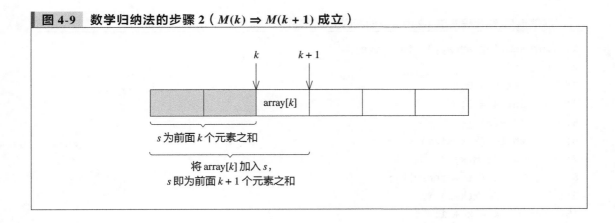

请一定要理解第 8 行，

$$s = s + array[k];$$

意为"在 $M(k)$ 成立的前提下，$M(k+1)$ 成立"。

第 10 行中 k 递增 1，所以第 11 行的 $M(k)$ 成立。这里是为了下一步处理而设定变量 k 的值。

最后，第 13 行的 $M(size)$ 成立（图 4-10）。因为 while 语句中的 k 递增了 1，而这时一直满足 $M(k)$，走到第 13 行时 k 和 $size$ 的值相等。$M(size)$ 成立说明 sum 函数是没有问题的。因此，第 14 行 return 返回结果。

图 4-10 **$M(size)$ 成立**

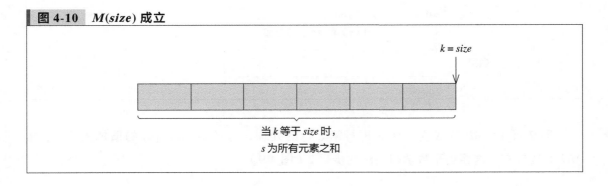

综上所述，这个循环在 k 从 0 增加到 $size$ 的过程中一直保持循环不变式 $M(k)$ 成立。编写循环时，有两个注意点。一个是"达到目的"，还有一个是"适时结束循环"。循环不变式 $M(k)$ 就是为了确保"达到目的"。而 k 从 0 到 $size$ 递增确保了"适时结束循环"。

代码清单 4-4 中，写明了 $M(k)$ 成立的同时 k 递增的情形。（∧ 表示"并且"）

代码清单 4-4　*M(k)* **成立的同时** *k* **递增**

```
int sum(int array[], int size)
{
    int k = 0;
    int s = 0;
    /* M(k) ∧ k == 0 */
    while (k < size) {
        /* M(k) ∧ k < size */
        s = s + array[k];
        /* M(k+1) ∧ k < size */
        k = k + 1;
        /* M(k) ∧ k <= size */
    }
    /* M(k) ∧ k == size */
    return s;
}
```

看了以上循环不变 $M(k)$ 在每次循环时都成立的情形之后，大家是否都掌握了呢?

本章小结

本章我们学习了数学归纳法。数学归纳法是证明断言对于 0 以上的所有整数 n 都成立的方法。只需要两个步骤就能够证明无穷数的断言。非常有意思吧!

用数学归纳法进行证明，说起来就像是推倒有关整数的多米诺骨牌。步骤 2 的证明，就是让"下一张多米诺骨牌"倒下。为此，必须弄清楚"$P(k)$ 推进到 $P(k+1)$ 的过程"。这种数学归纳法的思路在程序员编写循环时也是非常重要的。

下一章，我们学习计数方法。

◎ **课后对话**

老师：首先假设一条腿可以往前迈一步。

学生：嗯。

老师：然后假设另一条腿无论什么情况都能迈出去。

学生：那会怎样？

老师：那样的话，就能够行进到无限的远方。这就是数学归纳法。

第 **5** 章

排列组合
——解决计数问题的方法

◎ **课前对话**

学生：把所有情况都数出来好难啊！

老师：不遗漏、不重复地去数是关键。

学生：总之要非常仔细地数吧？

老师：光这样不行噢！

学生：还要怎么样呢？

老师：还需要认清计数对象的性质。

本章学习内容

本章我们来学习"数数"。无论在日常生活中还是编程中，准确无误地计数都非常重要。那么如何才能做到呢？简而言之，就是要不遗漏、不重复地去计数。

我们首先学习"数数"与整数的对应关系。接着，我会穿插一些具体的例子逐一介绍加法法则、乘法法则、置换、排列、组合等计数方法。但是不要死记硬背这些方法，而要注意这些方法是如何推导出来的，如何做到"不遗漏、不重复"地与整数对应起来。

计数——与整数的对应关系

何谓计数

我们每天的生活都离不开计数。

- 外出购物时，数出苹果的数量
- 乘电车时，数出距离目的地还有几站
- 扑克游戏中数出自己还有几张牌

"数数"对我们来说是家常便饭。然而，"数数"究其是一种怎么样的行为呢？
例如，要数出面前摆放的牌数时，我们依次进行下述动作。

- 选出 1 张还没数的牌，说"1"

· 选出 1 张还没数的牌，说 "2"

· 选出 1 张还没数的牌，说 "3"

· 选出 1 张还没数的牌，……

重复以上动作直到数完所有牌为止，最后自己所报之数就是牌数。[①] 这是一个将计数对象与整数对应起来的过程。只要与整数正确对应，计数的结果就是正确的。

注意 "遗漏" 和 "重复"

计数时必须要注意的是 "遗漏" 和 "重复"。

遗漏就是没有数全所有的数，有漏数的情况。换言之，就是 "明明还有没数到的，却错认为数过了"。

重复则和 "遗漏" 恰恰相反，是将已经数了的，又多数了一次或几次。

有 "遗漏" 或 "重复"，就不能正确计数。反之，没有 "遗漏" 和 "重复"，就能正确计数。

我们在数扑克牌时，借助手指将牌与整数一一对应。但是，这种方法只能用于牌数较少的情况。如果有几千张、甚至几万张牌的话，用手就数不过来了。

在计数对象多得不能直接数时，就需要找到计数对象与整数之间的 "对应规则" 了。为此，必须理解计数对象具有怎么样的特性和结构。我们记着这点，往下看具体问题。

植树问题——不要忘记 0

植树问题思考题

◆思考题——植树问题

在 10 米长的路上，从路的一端起每隔 1 米种 1 棵树，那么需要种多少棵树？

◆解答

从路的一端起每隔 1 米种 1 棵树的意思就是在距离路的一端 0 米、1 米、2 米、3 米、

---

① 　严格来说，用这个方法数不了 0 张牌。

4 米、5 米、6 米、7 米、8 米、9 米、10 米的位置种树。因此，需要 11 棵树（图 5-1）。

答案：11 棵。

图 5-1　在 10 米长的路上每隔 1 米种 1 棵树

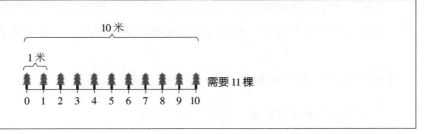

●植树问题

本题是非常著名的植树问题。有些人会下意识地计算 10 ÷ 1 = 10，认为只要 10 棵树就够了。不要忘记 0 这点很重要。像上述解答方法那样在纸上画图数数也是一种好方法。10 ÷ 1 的结果 10 并不是树的棵数，而是"树与树的间隔数"。

◆思考题——最后的编号

内存中排列着程序要处理的 100 个数据。从第 1 个开始顺次编号为 0 号、1 号、2 号、3 号……那么，最后 1 个数据的编号是多少？

◆解答

现整理如下。

- 第 1 个数据是 0 号
- 第 2 个数据是 1 号
- 第 3 个数据是 2 号
- 第 4 个数据是 3 号
- ……
- 第 k 个数据是 $k - 1$ 号
- ……
- 第 100 个数据是 99 号

答案：99 号。

●归纳总结

这道题的实质和植树问题一样。通常，将 n 个数据从 0 开始编号，最后的数据为 $n-1$ 号。

碰到这样的思考题，很少有人答错。而到了实际编程的时候，面对同样的问题却有很多人出错了。其实，只要将上面写的

　·第 k 个数据是 $k-1$ 号

作为普遍规则来掌握的话就不那么容易出错了。这一点很重要。

不管有多少个数据，只要抓住上述"第 k 个数据是 $k-1$ 号"的对应关系，就能将计数对象与整数对应起来，正确地数出结果。

在计数对象比较少的情况下，我们可以用手数。但是，不能就这样完事了。更重要的是找到更为普遍的规则，并使用该规则"将计数对象与整数对应"起来。这就是所谓的"认清计数对象的性质"。

我们再深入一些，探讨一下思维方式。在植树问题中，只要棵数少，用手指数也能数清楚（图 5-2）。

图 5-2　树的棵数少的时候

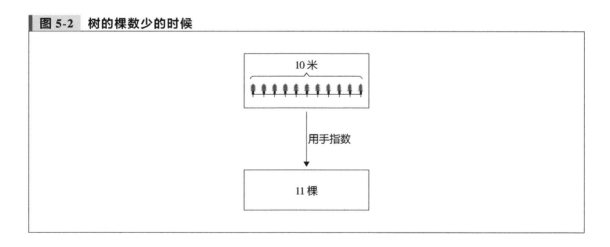

但这还不够，更为重要的是要使用变量 n 将问题抽象出来（图 5-3）。

图 5-3 对问题进行抽象思考

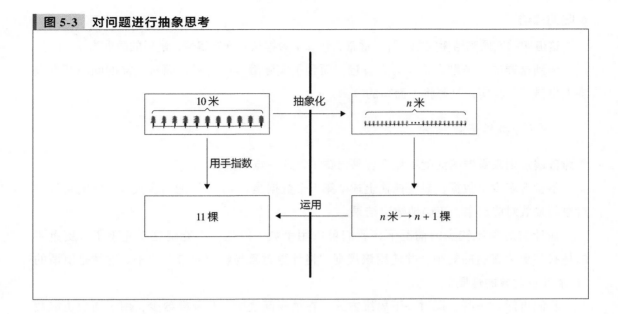

因为如此一来，即便是碰到用手指数不了的较大的数，也能顺利解决问题（图 5-4）。

图 5-4 抽象化后，再大的数也能解决

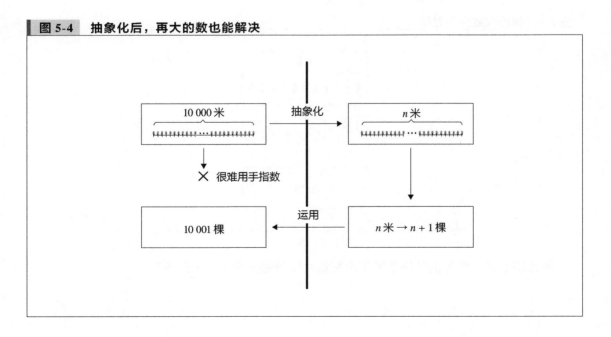

加法法则

要数出分为两个集合的事物时，可以使用加法法则。

加法法则

◆思考题

在一副扑克牌中，有 10 张红桃数字牌（A, 2, 3, 4, 5, 6, 7, 8, 9, 10），3 张红桃花牌（J, Q, K）。那么红桃共有多少张？

◆思考题答案

数字牌 10 张，加上花牌 3 张，共有 13 张。

答案：13 张。

●加法法则

上面的问题非常简单，它所使用的就是加法法则。加法法则就是将无"重复"元素的两个集合 A、B 的元素数相加，得到 $A \cup B$ 的元素数。

$$A \cup B \text{ 的元素数} = A \text{ 的元素数} + B \text{ 的元素数}$$

如果将集合 A 的元素数写作 $|A|$，集合 B 的元素数写作 $|B|$，那么加法法则就可以用以下等式来表示。

$$|A \cup B| = |A| + |B|$$

在上题中，集合 A 就相当于红桃数字牌，集合 B 就相当于红桃花牌。

$$\text{红桃牌的张数} = \text{红桃数字牌的张数} + \text{红桃花牌的张数}$$

但是，**加法法则只在集合中没有重复元素的条件下成立**。有重复的情况下，必须减去重复才能得到正确的数量。我们接着来看下一题。

◆ **思考题——控制亮灯的扑克牌**

在一副扑克牌中，有 13 个级别（A, 2, 3, 4, 5, 6, 7, 8, 9, 10, J, Q, K）（图 5-5）。这里，我们分别将 A, J, Q, K 设为整数 1, 11, 12, 13。

图 5-5　扑克牌的级别

在你面前有一个装置，只要往里面放入 1 张牌，它就会根据牌的级别控制灯泡的亮灭。我们设放入的扑克牌的级别为 n（1~13 的整数）。

- 若 n 是 2 的倍数，则亮灯
- 若 n 是 3 的倍数，也亮灯
- 若 n 既不是 2 的倍数，也不是 3 的倍数，则灭灯

往这个装置中依次放入 13 张红桃，其中亮灯的有多少张牌呢？

◆ **思考题答案**

- 在整数 1~13 里面，2 的倍数有 2, 4, 6, 8, 10, 12，共 6 个
- 在整数 1~13 里面，3 的倍数有 3, 6, 9, 12，共 4 个
- 既是 2 的倍数，又是 3 的倍数的有 6, 12，共 2 个

因此，亮灯的牌数为 6 + 4 − 2 = 8。

答案：8 张。

● **容斥原理**

大家刚才有没有注意到 2 的倍数和 3 的倍数中有"重复"的数呢？2 的倍数和 3 的倍数的共同部分（重复部分），就是 6 的倍数（图 5-6）。

图 5-6　容斥原理（2 的倍数和 3 的倍数）

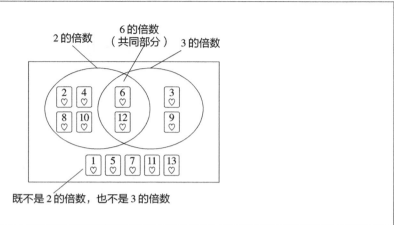

2 的倍数的个数，加上 3 的倍数的个数，再减去重复的个数，就是**容斥原理**（the principle of inclusion and exclusion）。这是"考虑了重复元素的加法法则"。

集合 A、B 的元素总数 $=$ A 的元素数 $+$ B 的元素数 $-$ A 和 B 共同的元素数

如果将集合 A 的元素数写作 $|A|$，容斥原理可以用下述等式表示。

$$|A \cup B| = |A| + |B| - |A \cap B|$$

即 A 的元素数 $|A|$ 和 B 的元素数 $|B|$ 相加，再减去重复的元素数 $|A \cap B|$。

在使用容斥原理时，必须弄清"重复的元素有多少"。这也是"认清计数对象性质"的一个例子。

乘法法则

本节，我们学习根据两个集合进行"元素配对"的法则。

乘法法则

◆ 思考题——红桃的数量

在一副扑克牌中，有红桃、黑桃、方片、梅花四种花色。每个花色都有 A, 2, 3, 4, 5, 6, 7, 8, 9, 10, J, Q, K 这 13 个等级。那么，一副扑克牌共有多少张? （这里除去王牌）

◆ 思考题答案

在一副扑克牌中，4 种花色都各有 13 张。因此，要求的牌数可通过下述算式得出。

$$4 \times 13 = 52$$

答案：52 张。

● 乘法法则

将扑克牌排成图 5-7 所示的长方形，就能明白为什么要用乘法来计算元素数了。

图 5-7　动手排列扑克牌

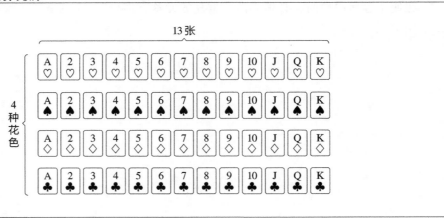

扑克牌有 4 种花色，每种花色又分别有 13 张。遇到这种"分别有"的情况时，往往只需要乘法计算便可求出结果。这又是"认清计数对象性质"的一例。

这里所用的是**乘法法则**。

有 A 和 B 这 2 个集合。现假设要将集合 A 的所有元素与集合 B 的所有元素的组合起来。这时组合的总数就是 2 个集合的元素数相乘所得出的结果。我们将集合 A 的元素数写作 $|A|$，集合 B 的元素数写作 $|B|$，那么元素的组合数就如下所示。

$$|A| \times |B|$$

从集合 A 和集合 B 中各取出 1 个元素作为一组，所有这种组合的集合即为 $A \times B$，可以表示如下。

$$|A \times B| = |A| \times |B|$$

假设 A 为扑克牌花色的集合，B 为扑克牌级别的集合，那么这些元素列举如下。

$$集合 A = \{ 红桃, 黑桃, 方片, 梅花 \}$$
$$集合 B = \{A, 2, 3, 4, 5, 6, 7, 8, 9, 10, J, Q, K\}$$

而集合 $A \times B$ 列举如下

集合 $A \times B = \{$

　　（红桃, A），（红桃, 2），（红桃, 3），…，（红桃, K），

　　（黑桃, A），（黑桃, 2），（黑桃, 3），…，（黑桃, K），

　　（方片, A），（方片, 2），（方片, 3），…，（方片, K），

　　（梅花, A），（梅花, 2），（梅花, 3），…，（梅花, K）

$\}$

由于扑克牌只有 52 张牌，因此可以如图 5-7 那样画图确认。不过只要很好地理解计数对象的性质，即便遇到难以通过图示来解决的大数，也能正确进行计算。下面我们来做些练习吧。

◆ **思考题——3 个骰子**

将 3 个写有数字 1 到 6 的骰子并列放置，形成一个 3 位数，共能形成多少个数？（例如，图 5-8 所示排列，形成数 255。）

图 5-8　并列放置 3 个骰子，形成 3 位数

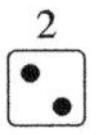

◆ 思考题答案

第 1 个骰子有 1, 2, 3, 4, 5, 6 共 6 种情况。

与第 1 个骰子的 6 种情况相对应，第 2 个骰子也有 6 种情况。因此前 **2 个骰子共有 6 × 6 种情况**（乘法法则）。

第 1 个骰子有 6 种情况，与之相对的第 2 个骰子也有 6 种情况，而在此基础上第 3 个骰子又有 6 种情况。因此 **3 个骰子共有 6 × 6 × 6 种情况**（乘法法则）。计算可得 $6 \times 6 \times 6 = 216$。

答案：216 个。

◆ 思考题——32 个灯泡

1 个灯泡有亮和灭 2 种状态。若将 32 个这样的灯泡排成一排，则共有多少种亮灭模式（图 5-9）。

图 5-9　32 个灯泡

◆ 思考题答案

1 个灯泡有亮和灭 2 种模式。

与之相对，第 2 个灯泡也有亮和灭 2 种模式。因此，根据乘法法则，前 2 个灯泡共有 $2 \times 2 = 4$ 种模式。

而第 3 个灯泡相对于前面 4 种模式又有亮和灭 2 种模式。因此，根据乘法法则，前 3 个灯泡共有 $2 \times 2 \times 2 = 8$ 种模式。

相同地，我们一直计算到第 32 个灯泡，亮灭模式数如下。

$$\underbrace{2 \times 2 \times \cdots \times 2}_{32\text{个}} = 2^{32} = 4\ 294\ 967\ 296$$

答案：4 294 967 296 种。

32 个灯泡的亮灭模式数，和用 32 位表示的数值的总数是一样的。每位上的数字非 0 即 1（2 种），因此用 32 位可表示的数值的总数为 $2^{32} = 4\ 294\ 967\ 296$。

通常 n 位 2 进制数可以表示的数的总数为 2^n。这是程序员应掌握的基本知识。

置换

本节，我们来数数看更复杂一些的数。

置换

◆ 思考题——3 张牌的置换

如果将 A, B, C 这 3 张牌按照 ABC, ACB, BAC 等顺序排列，那么共有多少种排法？

◆ 思考题答案

经过思考，我们知道 3 张牌共有 6 种排法，如图 5-10 所示。

图 5-10　3 张牌的排法

| A B C | A C B | B A C | B C A | C A B | C B A |

答案：6 种。

● 置换

如本题那般，**将 n 个事物按顺序进行排列称为置换**（substitution）。

A, B, C 这 3 张牌的置换总数，可以通过下述步骤得出。

第 1 张牌（最左边的牌），从 A, B, C 中选出 1 张。即，**第 1 张牌有 3 种选法**。

第 2 张牌，从已选出的第 1 张牌以外的 2 张中选出 1 张。即，**第 2 张牌与第 1 张牌的选法相对应，分别有 2 种选法**。

第 3 张牌，从已选出的第 1、第 2 张牌以外的 1 张中选出 1 张（其实剩下的只有 1 张牌，因此只能选这张）。即，**第 3 张牌与第 1、第 2 张牌的选法相对应，分别有 1 种选法**。

因此，3 张牌的所有排列方法（置换的总数），可以通过如下计算得出。

$$\text{第 1 张牌的选法} \times \text{第 2 张牌的选法} \times \text{第 3 张牌的选法} = 3 \times 2 \times 1$$
$$= 6$$

归纳一下

这次，我们增加到 5 张牌。5 张牌（A, B, C, D, E）的置换总数又是多少呢？思路和 3 张时相同。

- 第 1 张的选法有 5 种
- 第 2 张的选法有 4 种
- 第 3 张的选法有 3 种
- 第 4 张的选法有 2 种
- 第 5 张的选法有 1 种

因此，5 张牌的置换总数计算如下。

$$5 \times 4 \times 3 \times 2 \times 1 = 120$$

答案：120 种。

●阶乘

通过观察可知上面的算式就是按 5, 4, 3, 2, 1 这样将递减的整数相乘。这种乘法经常在计算有多少种情况时出现，它可以表示为 5!。

$$5! = 5 \times 4 \times 3 \times 2 \times 1$$

5! 称为 5 的**阶乘**（factorial），是因乘数呈**阶梯状**递减而得名。5 张牌的置换总数为 5!。

我们来实际计算一下阶乘的值。

$$5! = 5 \times 4 \times 3 \times 2 \times 1 = 120$$
$$4! = 4 \times 3 \times 2 \times 1 = 24$$
$$3! = 3 \times 2 \times 1 = 6$$
$$2! = 2 \times 1 = 2$$
$$1! = 1 = 1$$
$$0! = 1$$

要注意 0 的阶乘 0! 不是 0，而被定义为 1。这是数学里的规定。

n 张牌的置换总数一般用下述等式来表示。

$$n! = \underbrace{n \times (n-1) \times (n-2) \times \cdots \times 2 \times 1}_{n \text{ 个}}$$

学生：为什么 0! 是 1 呢?

老师：这是定义。

学生：这个理由难以接受啊! 总觉得 0! 应该是 0 才对……

老师：这样的话可是推倒不了第一张多米诺骨牌的噢!

学生：多米诺骨牌?

老师：嗯! 之后谈到阶乘的递归定义时再讨论吧。

思考题（扑克牌的摆法）

◆ 思考题——扑克牌的置换

将一副扑克牌里的 52 张（不包括王牌）摆成一排，共有多少种摆法?

◆ 思考题答案

这是 52 张牌的置换，因此计算如下。

52! = 52 × 51 × 50 × … × 1

= 80 658 175 170 943 878 571 660 636 856 403 766 975 289 505 440 883 277 824 000 000 000 000

答案：80 658 175 170 943 878 571 660 636 856 403 766 975 289 505 440 883 277 824 000 000 000 000

居然得出这么大一个数字！下一页的表 5-1 中罗列出了 1! ~ 52! 的阶乘。随着 n 的增大，阶乘 $n!$ 的结果呈爆炸式增长。

排列

在上一节置换的学习中，我们罗列了 n 个事物的所有排法。而本节，我们将学习从 n 个事物中取出一部分进行"排列"。

排列

◆ 思考题——从 5 张牌中取出 3 张进行排列

你现在手上持有 A, B, C, D, E 共 5 张牌。要从这 5 张牌中取出 3 张牌进行排列。请问有多少种排法？

◆ 思考题答案

所有的排法如图 5-11 所示。

图 5-11　从 5 张牌中取出 3 张进行排列

A B C	A C B	B A C	B C A	C A B	C B A
A B D	A D B	B A D	B D A	D A B	D B A
A B E	A E B	B A E	B E A	E A B	E B A
A C D	A D C	C A D	C D A	D A C	D C A
A C E	A E C	C A E	C E A	E A C	E C A
A D E	A E D	D A E	D E A	E A D	E D A
B C D	B D C	C B D	C D B	D B C	D C B
B C E	B E C	C B E	C E B	E B C	E C B
B D E	B E D	D B E	D E B	E B D	E D B
C D E	C E D	D C E	D E C	E C D	E D C

答案：60 种。

表 5-1　1!～52! 的阶乘

```
 1!  = 1
 2!  = 2
 3!  = 6
 4!  = 24
 5!  = 120
 6!  = 720
 7!  = 5040
 8!  = 40320
 9!  = 362880
10!  = 3628800
11!  = 39916800
12!  = 479001600
13!  = 6227020800
14!  = 87178291200
15!  = 1307674368000
16!  = 20922789888000
17!  = 355687428096000
18!  = 6402373705728000
19!  = 121645100408832000
20!  = 2432902008176640000
21!  = 51090942171709440000
22!  = 1124000727777607680000
23!  = 25852016738884976640000
24!  = 620448401733239439360000
25!  = 15511210043330985984000000
26!  = 403291461126605635584000000
27!  = 10888869450418352160768000000
28!  = 304888344611713860501504000000
29!  = 8841761993739701954543616000000
30!  = 265252859812191058636308480000000
31!  = 8222838654177922817725562880000000
32!  = 263130836933693530167218012160000000
33!  = 8683317618811886495518194401280000000
34!  = 295232799039604140847618609643520000000
35!  = 10333147966386144929666651337523200000000
36!  = 371993326789901217467999448150835200000000
37!  = 13763753091226345046315979581580902400000000
38!  = 523022617466601111760007224100074291200000000
39!  = 20397882081197443358640281739902897356800000000
40!  = 815915283247897734345611269596115894272000000000
41!  = 33452526613163807108170062053440751665152000000000
42!  = 1405006117752879898543142606244511569936384000000000
43!  = 60415263063373835637355132068513997507264512000000000
44!  = 2658271574788448768043625811014615890319638528000000000
45!  = 119622220865480194561963161495657715064383733760000000000
46!  = 5502622159812088949850305428800254892961651752960000000000
47!  = 258623241511168180642964355153611979969197632389120000000000
48!  = 12413915592536072670862289047373375038521486354677760000000000
49!  = 608281864034267560872252163321295376887552831379210240000000000
50!  = 30414093201713378043612608166064768844377641568960512000000000000
51!  = 1551118753287382280224243016469303211063259720016986112000000000000
52!  = 80658175170943878571660636856403766975289505440883277824000000000000
```

● 排列

我们将上题那样的排法称作从 5 张里面取出 3 张的**排列**（permutation）。

请注意，排列与置换相同，也是要考虑顺序的。例如，ABD 和 ADB 都是由 A, B, D 这 3 张牌组成的，但是它们的顺序不同，因此是不同的排列，需要分别计数。

在求 5 张里面取 3 张牌的排列总数时，我们 1 张 1 张顺次排列，直到达到规定的牌数为止。即按照如下方式计算。

- 第 1 张的取法有 5 种
- 第 2 张的取法有 4 种
- 第 3 张的取法有 3 种

由此可得，$5 \times 4 \times 3 = 60$。

归纳一下

大家现在已经想到了排列的归纳方法了吧。假设从 n 张牌中取出 k 张进行排列。

- 第 1 张是"从 n 张中取出 1 张"，因此有 n 种取法
- 第 2 张的取法与以上相对，有 $n-1$ 种
- 第 3 张的取法与以上相对，有 $n-2$ 种
- ……
- 第 k 张的取法与以上相对，有 $n-k+1$ 种

因此，从 n 张牌中取出 k 张进行排列的总数如下。

$$n \times (n-1) \times (n-2) \times \cdots \times (n-k+1)$$

这个式子很重要，一定要看仔细。特别是最后一项 $(n-k+1)$，必须理解透彻。

为了更清楚地表示有多少项相乘，我们将第一项 n 写作 $(n-0)$，最后一项 $(n-k+1)$ 写作 $(n-(k-1))$。这样就得到如下式子。

$$\underbrace{(n-0) \times (n-1) \times (n-2) \times \cdots \times (n-(k-1))}_{k\text{个}}$$

即将所有项 $(n-0), (n-1), (n-2), \cdots, (n-(k-1))$ 相乘。其中各项中 n 减去的数分别为 "0 到 $k-1$"，所以我们可知一共有 k 项相乘。这里就用到了本章最开始介绍的 "植树问题" 的思考方法。

如上所述，我们将从 n 张牌中取出 k 张按一定顺序排列的方法称作排列。排列的总数记作

$$P_n^k$$

并能够得到以下等式。

$$P_n^k = \underbrace{n \times (n-1) \times (n-2) \times \cdots \times (n-k+1)}_{k \uparrow}$$

只要已知 n 和 k 两个数即可求出排列总数，P_n^k 中的 n 和 k 小写，P 是 permutation 的缩写。

例如，求 5 张牌中取 3 张进行排列的总数时，$n = 5$，$k = 3$，因此可以如下计算。

$$\begin{aligned} 5 \text{ 张牌中取 3 张进行排列的总数} &= P_5^3 \\ &= \underbrace{5 \times 4 \times 3}_{3 \uparrow} \end{aligned}$$

下面再举几个例子。

$$P_5^5 = \underbrace{5 \times 4 \times 3 \times 2 \times 1}_{5 \uparrow} = 120$$

$$P_5^4 = \underbrace{5 \times 4 \times 3 \times 2}_{4 \uparrow} = 120$$

$$P_5^3 = \underbrace{5 \times 4 \times 3}_{3 \uparrow} = 60$$

$$P_5^2 = \underbrace{5 \times 4}_{2 \uparrow} = 20$$

$$P_5^1 = \underbrace{5}_{1 \uparrow} = 5$$

"5 张牌中选 0 张进行排列的总数"为 P_5^0，但它不是 0，而被定义为 1。

$$P_5^0 = 1$$

上一节介绍的"置换"也能用这种方法表示。n 个数置换的总数可以记作 P_n^n。

● **用阶乘表示**

在很多情况下，也常用以下阶乘的形式来表示排列。

$$P_n^k = \frac{n!}{(n-k)!}$$

这个式子看起来多少有点晦涩难懂，不过分母 $(n-k)!$ 可与分子 $n!$ 的最后 $n-k$ 项约分。看下述算式应该更容易理解。

$$\begin{aligned} P_5^3 &= \frac{5!}{(5-3)!} \\ &= \frac{5 \times 4 \times 3 \times 2 \times 1}{2 \times 1} \\ &= 5 \times 4 \times 3 \end{aligned}$$

若使用阶乘来表示，就可以不写省略号，使得算式的内容更明确。

树形图——能够认清本质吗

从 3 张牌中取出 3 张进行排列时，同一张牌不能选 2 次。因此可选择的第 2 张、第 3 张的牌数递减。为了看得更明白一些，我们用**树形图**来表示（图 5-12）。

请把图 5-12 想象成左面是"根"，右面是"枝"的树。从根生出 3 根树枝，这表示第 1 张牌有 3 种放法。这 3 根树枝又都分别再生出 2 根枝，这表示第 2 张牌有 2 种放法。最后都只有 1 根枝。从图中可见，树枝呈 3 → 2 → 1 递减状。

我们将图 5-12 的树形图和图 5-13（从 **3 种牌**中选择**可重复的** 3 张牌的树形图）作一下比较。

图 5-12 从 3 张牌中取出 3 张进行排列的树形图

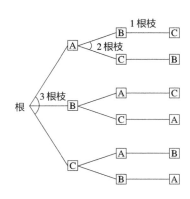

图 5-13 从 3 种牌中可重复地取出 3 张进行排列的树形图

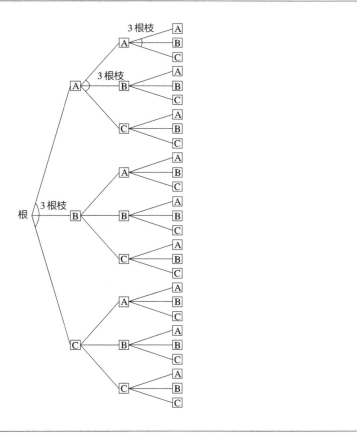

这次可以看到，每一层都有 3 根树枝。同样都是"取 3 张"，"从 3 张中取 3 张"（图 5-12）和"从 3 种中可重复地取 3 张"（图 5-13）的性质是不一样的，因此树形图和可能发生的情况数都不同。

树形图是有助于"认清计数对象性质"的有效工具。

组合

置换和排列都需要考虑顺序，而本节我要介绍的是"不考虑顺序的方法"——组合。

组合

假设现在有 5 张牌 A, B, C, D, E。要从这 5 张牌中取出 3 张牌，并且**不考虑它们的顺序**。即以 3 张牌为 1 组进行选择。例如，ABE 和 BAE 应视为同一组。这时，3 张牌的取法如下，共有 10 种（图 5-14）。

图 5-14　从 5 张牌中取出 3 张的组合

A	B	C
A	B	D
A	B	E
A	C	D
A	C	E
A	D	E
B	C	D
B	C	E
B	D	E
C	D	E

这种取法称为**组合**（combination）。"置换"和"排列"是考虑顺序的，而"组合"则不考虑顺序。

要计算 5 张里面取 3 张的组合总数，只要这样考虑就行了。

- 首先，和排列一样"考虑顺序"进行计数
- 除以重复计数的部分（重复度）

首先，和排列一样"考虑顺序"进行计数。但是作为"组合"来讲这样并不正确。因为若按排列计数，有 ABC, ACB, BAC, BCA, CAB, CBA 这 6 种排法，而在组合中这 6 种排法是作为 1 组来计算的。即若像排列那样考虑顺序则会产生 6 倍的重复计数。

这里出现的数字 6（重复度），是 3 张牌按顺序排列的总数，即 3 张牌的置换总数（3×2×1）。因为考虑顺序而产生了重复，所以只要用排列的总数除以重复度 6，就能得到组合的总数。

5 张里面取 3 张的组合的总数写作 C_5^3（C 是 combination 的首字母）。计算如下。

$$5 \text{ 张里面取 } 3 \text{ 张的组合的总数} = C_5^3$$

$$= \frac{5 \text{ 张里面取 } 3 \text{ 张的排列总数}}{3 \text{ 张的置换总数}} \quad \cdots\cdots\text{考虑顺序排列的数}$$
$$\qquad\qquad\qquad\qquad\qquad\qquad\quad \cdots\cdots\text{重复度}$$

$$= \frac{P_5^3}{P_3^3}$$

$$= \frac{5 \times 4 \times 3}{3 \times 2 \times 1}$$

$$= 10$$

这里使用的**先考虑顺序进行计数，然后除以重复度**的方法，是计算组合时常用的计算方法。

归纳一下

接下来我们将牌数抽象化，求出 n 张牌中取出 k 张的组合总数。

首先，从 n 张牌中按顺序取出 k 张牌。而这时 k 张的置换总数是重复的，所以要除以这个重复度。

$$\begin{aligned}
C_n^k &= \frac{\text{从 } n \text{ 张里面取 } k \text{ 张的排列总数}}{k \text{ 张的置换总数}} \\
&= \frac{P_n^k}{P_k^k} \\
&= \frac{\dfrac{n!}{(n-k)!}}{k!} \\
&= \frac{n!}{(n-k)!} \cdot \frac{1}{k!} \\
&= \frac{n!}{(n-k)!k!}
\end{aligned}$$

这样，从 n 张里取 k 张的组合总数如下。

$$C_n^k = \frac{n!}{(n-k)!k!}$$

不过，计算具体数值时可采用以下方法。

$$C_n^k = \frac{P_n^k}{P_k^k} = \frac{\overbrace{(n-0) \times (n-1) \times (n-2) \times \cdots \times (n-(k-1))}^{k\text{个}}}{\underbrace{(k-0) \times (k-1) \times (k-2) \times \cdots \times (k-(k-1))}_{k\text{个}}}$$

这个方法能使计算更轻松。

$$\begin{aligned}
C_5^5 &= \frac{5 \times 4 \times 3 \times 2 \times 1}{5 \times 4 \times 3 \times 2 \times 1} &&= 1 \\
C_5^4 &= \frac{5 \times 4 \times 3 \times 2}{4 \times 3 \times 2 \times 1} &&= 5 \\
C_5^3 &= \frac{5 \times 4 \times 3}{3 \times 2 \times 1} &&= 10 \\
C_5^2 &= \frac{5 \times 4}{2 \times 1} &&= 10 \\
C_5^1 &= \frac{5}{1} &&= 5 \\
C_5^0 &= \frac{1}{1} &&= 1
\end{aligned}$$

置换、排列、组合的关系

我们学完了置换、排列和组合，现在就来梳理一下它们之间的关系吧。

图 5-15 为 3 张牌 A, B, C 的**置换**。这是 3 张牌考虑顺序的排法。

图 5-15　3 张牌（A, B, C）的置换

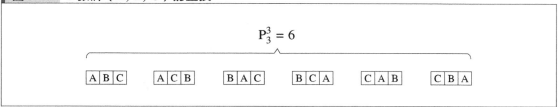

而从 A, B, C, D, E 这 5 张牌中取出 3 张的组合如图 5-16 所示。"组合"是不考虑顺序的。也可以想成"顺序是固定的"。由此可知，图 5-16 所示的排法，一定遵循 A, B, C, D, E 的顺序。

图 5-16　从 5 张牌（A, B, C, D, E）中取 3 张的组合

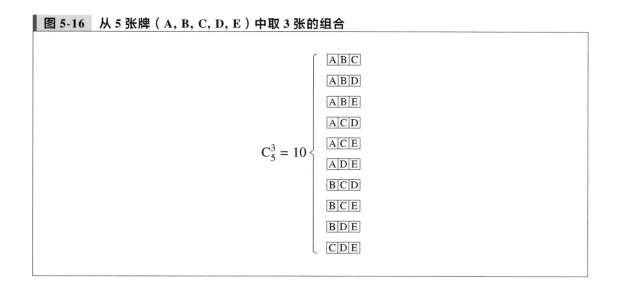

我们就把以上两个图结合起来就形成了从 A, B, C, D, E 这 5 张牌中取 3 张的排列（图 5-17）。

图 5-17 从 5 张牌（A, B, C, D, E）中取 3 张的排列

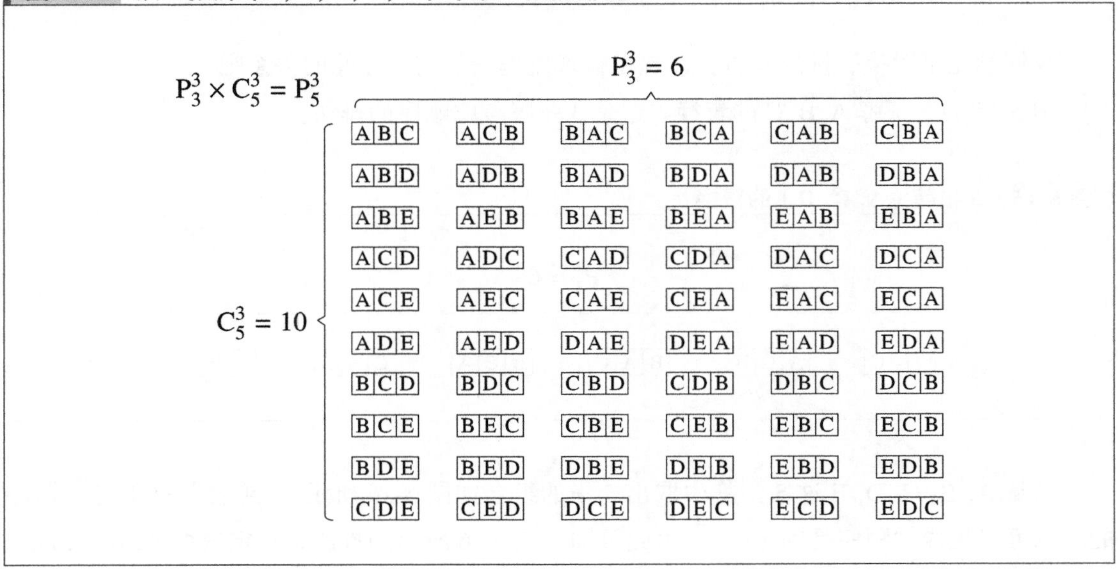

$$P_3^3 \times C_5^3 = P_5^3$$

$$P_3^3 = 6$$

$$C_5^3 = 10$$

ABC	ACB	BAC	BCA	CAB	CBA
ABD	ADB	BAD	BDA	DAB	DBA
ABE	AEB	BAE	BEA	EAB	EBA
ACD	ADC	CAD	CDA	DAC	DCA
ACE	AEC	CAE	CEA	EAC	ECA
ADE	AED	DAE	DEA	EAD	EDA
BCD	BDC	CBD	CDB	DBC	DCB
BCE	BEC	CBE	CEB	EBC	ECB
BDE	BED	DBE	DEB	EBD	EDB
CDE	CED	DCE	DEC	ECD	EDC

置换和组合相结合就是排列，大家知道为什么吗？置换表示"3 张牌的交替排列方法"。组合表示"3 张牌的取法"。两者结合就是"取出 3 张牌，进行交替排列"，即表示排列。

通过图 5-17，我们能清楚地了解到它们存在以下关系。

"3 张的置换"×"从 5 张中取 3 张的组合"="从 5 张中取 3 张的排列"

即 $P_3^3 \times C_5^3 = P_5^3$。

这与前面求 C_5^3 时的 $C_5^3 = \dfrac{P_5^3}{P_3^3}$ 是一致的。

思考题练习

本节，我们来做一些计数的思考题。这次的思考题都不简单。请大家不要机械地照搬法则，关键是要认清计数对象的性质。

重复组合

◆思考题——药品调剂

现假设要将颗粒状的药品调剂成一种新药。药品有 3 种，分别为 A, B, C。新药调剂规则如下。

- 从 A, B, C 这 3 种药品中，共取 100 粒进行调剂
- 调剂时，A, B, C 这 3 种药品每种至少有 1 粒
- 不考虑药品调剂的顺序
- 同种药品每粒都相同

这种情况下，新药调剂的组合共有多少种？

◆提示 1

这是一个**重复组合**的问题。

同种药品可以放入多粒进行调剂（可以重复）。但是同种药品每粒都相同，并且不考虑调剂顺序（组合）。

由于使用 100 粒药品进行调剂是既定的，所以如果多放了某种药品，那么其他药品就只能相对地少加了。关键在于如何把握 3 种药品的数量关系。

3 种药品**不需要排序**，所以这里**以固定的**顺序来解答会比较轻松。

◆提示 2

我们将问题缩小，看看能获得什么启示。

现假设药品有 A, B, C 这 3 种，而调剂用的药品从 100 粒改为 5 粒。

如图 5-18，先准备好 5 个放药品的盘子，再在盘子之间放入 2 块"隔板"。并规定在左起第 1 块隔板左面的盘子放药品 A，2 块隔板之间的盘子放药品 B，第 2 块隔板右面的盘子放药品 C（这就固定了 A, B, C 的顺序）。这个规定正好和问题中的规则一致，隔板的放法和药品的调剂方法一一对应。

可以放置 2 块隔板之处，就是盘子之间的 4 个间隙，即求出在 4 处中选 2 处放隔板的组合就行了。因此，调剂 5 粒药品的组合总数就是 C_4^2。

那么 100 粒的情况又如何呢？

图 5-18 使用 3 种药品，共 5 粒进行调剂

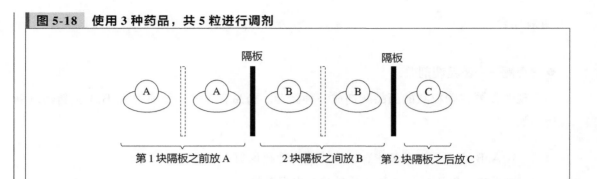

◆思考题答案

我们将问题归纳为"从 k 种药品中选出 n 粒"，并同样使用提示 2 中的"隔板"。那么，盘子的数量为 n 个，能放隔板的地方为 $n-1$ 处，隔板的数量为 $k-1$ 块，因此要求的调剂方法的总数为 C_{n-1}^{k-1}。

因此从 3 种药品中选出 100 粒的方法计算如下（此时 $n = 100$、$k = 3$）。

$$
\begin{aligned}
C_{n-1}^{k-1} &= C_{100-1}^{3-1} \\
&= C_{99}^{2} \\
&= \frac{99 \times 98}{2 \times 1} \\
&= 4851
\end{aligned}
$$

由此得出调剂方法共有 4851 种。

答案：4851 种。

也要善于运用逻辑

◆ 思考题——至少有一端是王牌

现在有 5 张扑克牌，其中王牌 2 张，J, Q, K 各 1 张（图 5-19）。将这 5 张牌排成一排，左端或右端至少有一端是王牌的排法有多少种？（不区分大小王牌）

图 5-19　5 张扑克牌

◆ 提示

如何使用"至少有一端是王牌"和"不区分大小王牌"这 2 个条件是关键。

要注意"至少有一端是王牌"的条件包括两端都是王牌的情况。而对于"不区分大小王牌"这个条件，在求 C_n^k 时我们要先区分大小王牌计算，再除以重复度"。

◆ 思考题答案

首先按区分大小王牌计数，然后除以王牌的重复度。

我们将两张王牌设为 x_1, x_2，算出 x_1, x_2, J, Q, K 这 5 张牌排成一排时左端和右端至少有一端是王牌的情况。

[1] 左端是王牌的情况

假设将王牌置于左端，那么左端的选法就有 x_1 或 x_2 这 2 种情况。每种情况下剩余 4 张牌都可以自由排列。因此，左端是王牌的情况下，使用乘法法则

$$左端的王牌选法 \times 剩余 4 张牌的置换 = 2 \times P_4^4$$
$$= 2 \times 4!$$
$$= 48$$

计算结果为 48 种。不过其中已经包含了"两端都是王牌的情况"。

[2] 右端是王牌的情况

只是左右颠倒一下，因此和 [1] 一样有 48 种。

[3] 两端都是王牌的情况

假设将王牌置于两端，两端的选法就是 2 张王牌的置换，因此有 P_2^2 种情况。而此时剩余 3 张牌可以自由排列。那么，两端是王牌的情况数就是

$$两端的王牌选法 \times 剩余 3 张牌的置换 = P_2^2 \times P_3^3$$
$$= 2! \times 3!$$
$$= 12$$

12 种。

接着只要计算 [1] + [2] − [3] 就能求出"至少有一端是王牌的**排列**"（容斥原理），然后再除以王牌的重复度就能得出"至少有一端是王牌的**组合**"。

因为王牌有 2 张，因此重复度是 2（$P_2^2 = 2$）。计算过程如下。

$$\frac{[1]左端是王牌 + [2]右端是王牌 - [3]两端是王牌}{王牌的重复度} = \frac{48 + 48 - 12}{2} = 42$$

答案：42 种。

◆ 另一种使用逻辑的解法

这里再为大家介绍一种解法。如果使用逻辑，本题可以更简单地计算出来。

"至少有一端是王牌"也就是"两端都不是王牌"的否定。那就意味着只要从"所有的排法数"中减去"两端都不是王牌的排法数"就能得出答案。画个**文氏图**更有助于理解（图 5-20、图 5-21）。

图 5-20　**通过画文氏图解答 (1)**

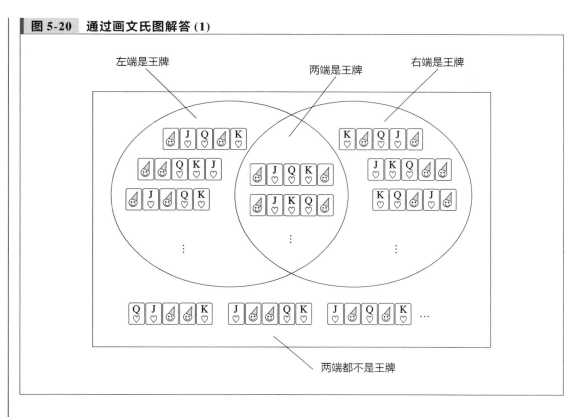

图 5-21　**通过画文氏图解答 (2)**

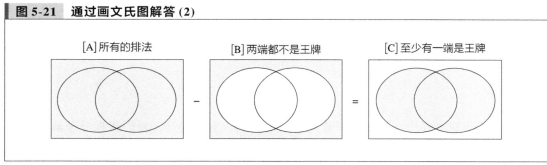

[A] 所有的排法

先求出所有 5 张牌区分大小王牌时的置换，再除以王牌的重复度，就能得出所有的排法。

$$\frac{P_5^5}{2} = \frac{5!}{2} = 5 \times 4 \times 3 = 60$$

[B] 两端都不是王牌

两端应从 J, Q, K 这 3 张牌中选出 2 张进行排列，即 P_3^2。而剩余的 3 张牌有 P_3^3 种排法。最后除以王牌的重复度。

$$\frac{P_3^2 \times P_3^3}{2} = \frac{(3 \times 2) \times (3 \times 2 \times 1)}{2} = 18$$

因此，可以通过下述算式求出至少有一端为王牌的情况。

$$[A]所有的排法 - [B]两端都不是王牌的排法 = 60 - 18$$
$$= 42$$

答案：42 种。

本章小结

本章学习了以下计数方法。

- 植树问题
- 加法法则
- 乘法法则
- 置换
- 排列
- 组合

这些都是基本方法，但死记硬背是毫无意义的。重要的是，我们要充分理解这些方法的意义。为了防止"遗漏"和"重复"，我们不能只是"仔细地计数"，更重要的是"认清计数对象的性质"。

不管计数时多么仔细，一旦遇到大数，人总还是会出错的。因此为了避免出错就需要熟练掌握以上这些计数方法。换言之，"计数方法"就是"为避免单纯地逐一计数"而存在的。

下一章，我会将重点放在如何表示问题的本质上，同时为大家介绍一种奇妙的方法——"递归"，它能"自己表示自己本身"。

◎ 课后对话

学生：我觉得有 n 和 k 等变量的地方很难掌握……

老师：那就先从 5 或 3 等较小的数开始练习！

学生：可是遇到大数时就会担心结果是否正确……

老师：所以需要使用 n 和 k 将问题抽象化嘛！

第 **6** 章

递 归
——自己定义自己

◎ **课前对话**

学生：GNU 是什么的缩写？

老师：是"GNU is Not UNIX"的缩写。

学生：啊？那第 1 个单词 GNU 是什么的缩写呢？

老师：那也是"GNU is Not UNIX"的缩写。

即"GNU is Not UNIX"is Not UNIX。

学生：我想问的是这句话的第 1 个单词 GNU 是什么的缩写……

老师：那还是"GNU is Not UNIX"的缩写。

"'GNU is Not UNIX'is Not UNIX"is Not UNIX。

学生：没有个头啊……

老师：其实 GNU 就包含了全部。

本章学习内容

本章我们学习递归。递归是一种奇妙的思考方法，它"使用自己来定义自己"。无论是数学还是编程都经常使用递归。

首先，通过汉诺塔谜题让大家对递归有一个初步印象。然后，以阶乘、斐波那契数列（Fibonacci sequence）、帕斯卡三角形（Pascal's triangle）[①] 为例，学习递归和递推公式。最后介绍以递归形式描画递归图形的分形图（fractale）。

本章，我们练习从复杂逻辑中找出递归结构。

汉诺塔

"汉诺塔"是一个由数学家爱德华·卢卡斯（Édouard Lucas）于 1883 年发明的游戏。该游戏非常著名，或许你已有所了解。

---

① 又称杨辉三角形、贾宪三角形。——译者注

思考题（汉诺塔）

有 3 根细柱（A, B, C）。A 柱上套着 6 个圆盘。这些圆盘大小各异，按从大到小的顺序自下而上摆放（图 6-1）。

图 6-1 汉诺塔

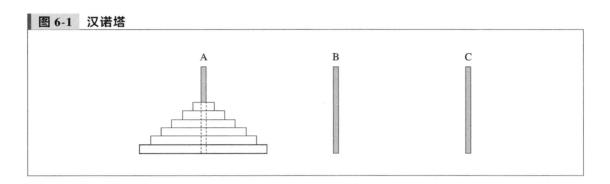

现在要把套在 A 柱上的 6 个圆盘全部移到 B 柱上。并且在移动圆盘时须遵守下述规则。

- 1 次只能移动柱子最上端的 1 个圆盘
- 小圆盘上不能放大圆盘

将 1 个圆盘从一根柱子移到另一根柱子，算移动"1 次"。那么，将 6 个圆盘全部从 A 移到 B 最少需要移动几次呢？

提示：先从小汉诺塔着手

一开始就考虑 6 个圆盘的话头脑会混乱，所以我们先缩小问题的规模，从 3 个圆盘开始思考。即暂不考虑 6 个圆盘的"6 层汉诺塔"，而是先找出"3 层汉诺塔"的解法（图 6-2）。

图 6-2 3 层汉诺塔（3 个圆盘的汉诺塔）

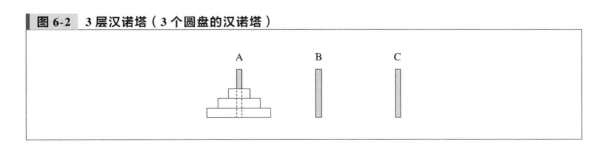

经过多次尝试我们能找到图 6-3 所示的解法，移动 7 次可解决问题。

图 6-3　3 层汉诺塔的解法（移动 7 次）

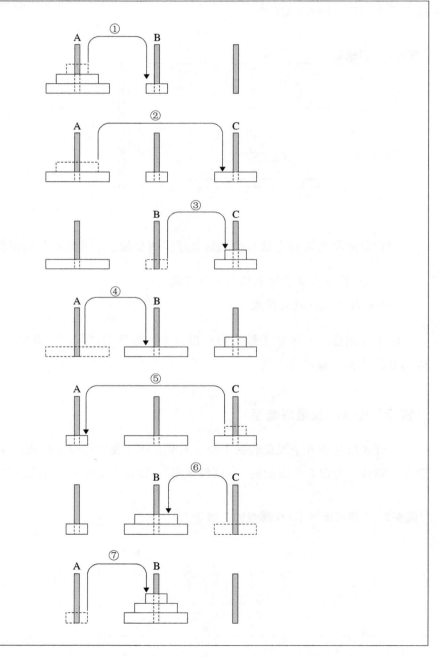

　　仔细思考"3 层汉诺塔"的解法应该就能找到解决"6 层汉诺塔"问题的方法了。如果不明白的话，请再思考一下"4 层汉诺塔"和"5 层汉诺塔"。

　　在来回移动圆盘的过程中，你一定会觉得"在重复做相似的事情"。之所以会产生这种感觉是因为我们有"发现规律的能力"。这种感觉很重要。

　　例如，请比较图 6-4 中的①②③和⑤⑥⑦（图 6-4）。

- ①②③中，移动 3 次将 2 个圆盘从 A 柱移到了 C 柱
- ⑤⑥⑦中，移动 3 次将 2 个圆盘从 C 柱移到了 B 柱

图 6-4　发现移动 2 个圆盘的规律

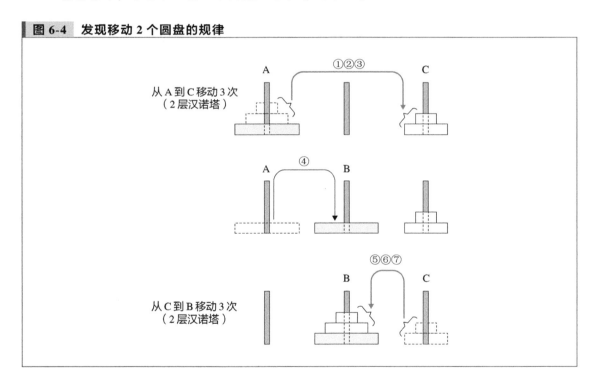

　　虽然移动的目的地不同，但这 2 个动作是非常相似的。而且这种"移动 2 个圆盘"的动作就是"2 层汉诺塔"的解法。以上就是提示内容，现在你能求出"6 层汉诺塔"的移动次数了吗？

思考题答案

"6层汉诺塔"可以通过以下步骤求出（图6-5）。

(1) 首先，将5个圆盘从A柱移到C柱（解出5层汉诺塔）；

(2) 其次，将6个之中最大的圆盘从A柱移到B柱；

(3) 最后，将5个圆盘从C柱移到B柱（解出5层汉诺塔）。

图6-5　汉诺塔的解法

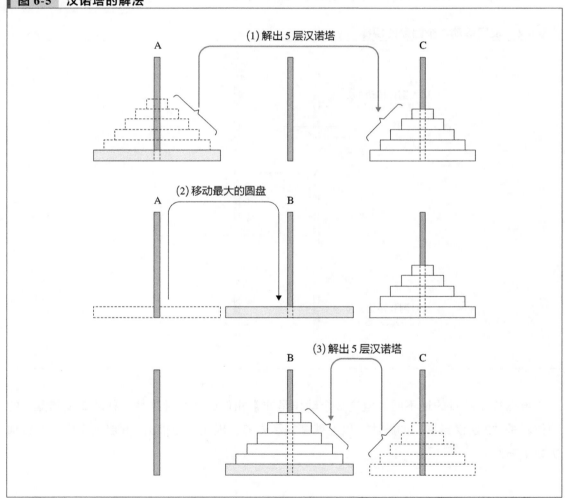

　　(1) 和 (3) 所做的无非就是"5 层汉诺塔"的解法。为了解出"6 层汉诺塔",需要用到"5 层汉诺塔"的解法。只要解出"5 层汉诺塔","6 层汉诺塔"就能迎刃而解。而且这是移动次数最少的解法。为什么这么说呢?因为要把最大的圆盘从 A 柱移到 B 柱,就必须将上面的 5 个圆盘都先移到 C 柱。

　　用同样的思路也可以解决"5 层汉诺塔"。例如,将 5 个圆盘从 A 柱移到 B 柱的步骤如下。

　　(1) 首先,将 4 个圆盘从 A 柱移到 C 柱(解出 4 层汉诺塔);

　　(2) 其次,将(5 个之中)最大的圆盘从 A 柱移到 B 柱;

　　(3) 最后,将 4 个圆盘从 C 柱移到 B 柱(解出 4 层汉诺塔)。

　　"4 层汉诺塔""3 层汉诺塔"……也是同样的解法。"1 层汉诺塔"只要移动 1 次圆盘就完成了。

　　通过这种思考方式,我们可以总结出"n 层汉诺塔"的解法。

　　以下,我们不使用 A, B, C 这 3 根柱子的具体名称,而将其设为 x, y, z。因为 x, y, z 在不同情况会不固定地对应 A, B, C 中的某一个。x 为起点柱、y 为目标柱,z 为中转柱。

　　"解出 n 层汉诺塔"的步骤,即"利用 z 柱将 n 个圆盘从 x 柱转移至 y 柱"的步骤如下所示。

　　将 n 个圆盘从 x 柱,经由 z 柱中转,移到 y 柱(解出 n 层汉诺塔)时:

　　　　当 $n = 0$ 时,

　　　　　　不用做任何动作。

　　　　当 $n > 0$ 时,

　　　　　　・首先,将 $n - 1$ 个圆盘从 x 柱,经由 y 柱中转,移到 z 柱(解出 $n - 1$ 层汉诺塔);

　　　　　　・其次,将 1 个圆盘从 x 柱移到 y 柱;

　　　　　　・最后,将 $n - 1$ 个圆盘从 z 柱,经过 x 柱中转,移到 y 柱(解出 $n - 1$ 层汉诺塔)。

　　从以上步骤可知,为了解出 n 层汉诺塔,要使用"$n - 1$ 层汉诺塔"的解法。

　　那么,我们就将解出"n 层汉诺塔"所需的最少移动次数表示如下。

$$H(n)$$

例如，移动 0 个圆盘的次数为 0，那么

$$H(0) = 0,$$

而移动 1 个圆盘的次数为 1，那么

$$H(1) = 1。$$

根据解 n 层汉诺塔所用的步骤，可以将移动次数 $H(n)$ 的式子写成如下形式。

$$H(n) = \begin{cases} 0, & （n = 0 时） \\ H(n-1) + 1 + H(n-1), & （n = 1, 2, 3, \cdots 时） \end{cases}$$

按照下述方式，思考 $n = 1, 2, 3, \cdots$ 时的式子可能更容易理解。

$$\underbrace{H(n)}_{\text{解出 } n \text{ 层汉诺塔的移动次数}} = \underbrace{H(n-1)}_{\text{解出 } n-1 \text{ 层汉诺塔的移动次数}} + \underbrace{1}_{\text{移动最大的圆盘的次数}} + \underbrace{H(n-1)}_{\text{解出 } n-1 \text{ 层汉诺塔的移动次数}}$$

我们将这种 $H(n)$ 和 $H(n-1)$ 的关系式称为**递推公式**（ recursion relation，recurrence ）。

$H(0)$ 是已知的，由 $H(n-1)$ 构成 $H(n)$ 的方法也是已知的，因此只要依次计算就能求出"6 层汉诺塔所需移动次数"，即 $H(6)$。

$$
\begin{aligned}
H(0) &= 0 & &= 0 \\
H(1) &= H(0) + 1 + H(0) = 0+1+0 & &= 1 \\
H(2) &= H(1) + 1 + H(1) = 1+1+1 & &= 3 \\
H(3) &= H(2) + 1 + H(2) = 3+1+3 & &= 7 \\
H(4) &= H(3) + 1 + H(3) = 7+1+7 & &= 15 \\
H(5) &= H(4) + 1 + H(4) = 15+1+15 & &= 31 \\
H(6) &= H(5) + 1 + H(5) = 31+1+31 & &= 63
\end{aligned}
$$

答案：63 次。

求出解析式

从上面的 $H(0), H(1), \cdots, H(6)$ 的结果，可以抽象出 $H(n)$。即可以只使用 n 来表示 $H(n)$。也就是找出生成以下数列的算式。

$$0, 1, 3, 7, 15, 31, 63, \cdots$$

直觉敏锐的人或许已经找到了下述规律

$$0 = 1 - 1$$
$$1 = 2 - 1$$
$$3 = 4 - 1$$
$$7 = 8 - 1$$
$$15 = 16 - 1$$
$$31 = 32 - 1$$
$$63 = 64 - 1$$

即可以用下式表达。

$$H(n) = 2^n - 1$$

这种只使用 n 表示 $H(n)$ 的式子叫作**解析式**，可以用数学归纳法来证明该解析式的正确性。

解出汉诺塔的程序

前面所示的"解出 n 层汉诺塔"的步骤，已经相当于程序的伪代码了。整理至此，用 C 语言编写汉诺塔解法的程序也就相当简单了（代码清单 6-1）。

代码清单 6-1　**汉诺塔解法的程序**

```c
#include <stdio.h>
#include <stdlib.h>

void hanoi(int n, char x, char y, char z);

void hanoi(int n, char x, char y, char z)
{
    if (n == 0) {
        /* 什么也不做 */
    } else {
        hanoi(n - 1, x, z, y);
        printf("%c->%c, ", x, y);
```

```
        hanoi(n - 1, z, y, x);
    }
}
int main(void)
{
    hanoi(6, 'A', 'B', 'C');
    return EXIT_SUCCESS;
}
```

该程序会输出"6 层汉诺塔"的解决步骤,具体如下。

```
A->C,  A->B,  C->B,  A->C,  B->A,  B->C,  A->C,  A->B,
C->B,  C->A,  B->A,  C->B,  A->C,  A->B,  C->B,  A->C,
B->A,  B->C,  A->C,  B->A,  C->B,  C->A,  B->A,  B->C,
A->C,  A->B,  C->B,  A->C,  B->A,  B->C,  A->C,  A->B,
C->B,  C->A,  B->A,  C->B,  A->C,  A->B,  C->B,  C->A,
B->A,  B->C,  A->C,  B->A,  C->B,  C->A,  B->A,  C->B,
A->C,  A->B,  C->B,  A->C,  B->A,  B->C,  A->C,  A->B,
C->B,  C->A,  B->A,  C->B,  A->C,  A->B,  C->B
```

数一下,确实是 63 次。

找出递归结构

在此,我们梳理一下汉诺塔的解题思路。

我们在解"6 层汉诺塔"时,先试着解出了稍为简单的 3 个圆盘的"3 层汉诺塔"。然后,为了找出更具有普遍性的解决办法,又使用了以下方法。

【使用递归来表示】找出借助"$n-1$ 层汉诺塔"来解"n 层汉诺塔"的步骤。

【递推公式】使用"$n-1$ 层汉诺塔"的移动次数来表示"n 层汉诺塔"的移动次数。

综上所述,我们以

　　　使用 $n-1$ 层汉诺塔，来表示 n 层汉诺塔

的观点来考虑问题。

　　那么，下面的内容非常重要，请仔细阅读。

　　假设现在碰到了一个难题。我们十分清楚"简单问题易解，复杂问题难解"的道理。所以这时，我们要联想到汉诺塔，进行如下思考。

　　　能将复杂问题转换为较为简单的同类问题吗？

　　这就是递归的思维方式。

　　对于汉诺塔来说，就是将 n 层汉诺塔转换为 $n-1$ 层汉诺塔的问题，即**在问题中找出递归结构**。虽然暂未解决给定的问题，但是要找出同类的简单问题，并将它当作"已知条件"来运用。

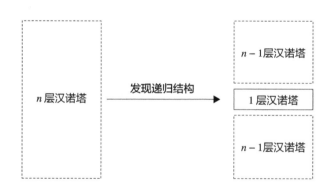

　　如果找到了这种递归结构，接下来就根据递归结构**建立递推公式**。

　　找出递归结构并建立递推公式，是相当重要的一环。如果能够总结出解析式自然最为便捷，不过若找不到解析式，只建立递推公式也是非常有用的。因为它是得出具体数值的线索，同时也能帮我们把握问题的本质。

　　汉诺塔的问题就聊到这里，我们带着"找出递归结构"的思路，进入下一节内容。

再谈阶乘

我们在第 5 章中学习过阶乘。本节，我们再来谈谈阶乘的递归定义。

阶乘的递归定义

在第 5 章中，我们将 n 的阶乘 $n!$ 定义如下。

$$n! = n \times (n-1) \times (n-2) \times \cdots \times 2 \times 1$$

但按照这个定义，"0 的阶乘"意义不明确。因此，另外定义了 $0! = 1$。

本章，我们要如下**递归地定义阶乘**。这可称为阶乘的递推公式。这样的定义既能明晰 $0!$ 的值，又能省略上面式子中的"$\cdots$"部分。

$$n! = \begin{cases} 1, & （n = 0 \text{ 时}） \\ n \times (n-1)!, & （n = 1, 2, 3, \cdots \text{ 时}） \end{cases}$$

之所以将它称作递归定义是因为"它使用了阶乘 $(n-1)!$ 来定义阶乘 $n!$"。你能发现定义中出现的下述递归结构吗？

该式虽然使用阶乘自身来进行定义，但却不会循环无解。对于 0 以上的任一整数，$n!$ 的定义都很明确，因为使用了比 $n!$ 低一层的 $(n-1)!$ 来定义 $n!$。

例如，从阶乘的递归定义出发来看一下 $3!$。通过定义可知

$$3! = 3 \times 2!$$

再根据递归定义展开右边的 $2!$ 可得

$$2! = 2 \times 1!$$

继续根据递归定义展开 $1!$ 可得

$$1! = 1 \times 0!$$

最后根据"$n = 0$ 时"的定义可得

$$0! = 1$$

将以上结果全部结合起来，如下所示。

$$3! = 3 \times 2 \times 1 \times \underbrace{\underbrace{\underbrace{1}_{0! \text{ 的展开结果}}}_{1! \text{ 的展开结果}}}_{2! \text{ 的展开结果}}$$

至此，大家理解为什么将 0! 定义为 1 了吧。若 0! 不是 1，就无法顺利进行上述递归定义。

另外，大家是否发现阶乘的递归定义和第 4 章学过的数学归纳法比较类似？$n = 0$ 时相当于数学归纳法的步骤 1（基底），$n \geqslant 1$ 时相当于步骤 2（归纳）。若用多米诺骨牌来打比方，"正确地定义 0!"就相当于"确保推倒第 1 张多米诺骨牌"。

思考题（和的定义）

◆ **思考题**

假设 n 为 0 以上的整数，请用递归方式定义从 0 到 n 的整数之和。

◆ **思考题答案**

若将从 0 到 n 的整数之和写作 $S(n)$，则 $S(n)$ 可定义如下。

$$S(n) = \begin{cases} 0, & （n = 0 \text{ 时}） \\ n + S(n-1), & （n = 1, 2, 3, \cdots \text{ 时}） \end{cases}$$

● **解析式**

其实 $S(n)$ 的解析式，我们在讲解小高斯的断言时已经做过介绍。

$$S(n) = \frac{n \times (n+1)}{2}$$

递归和归纳 [①]

上一节我们提到阶乘的递归定义和数学归纳法相似。实际上，递归（recursion）和归纳（induction）在本质上是相同的，都是"**将复杂问题简化**"。例如，第 4 章中我们用代码清单 4-1 的 C 语言表示了数学归纳法的证明，其实也可以像代码清单 6-2 那样以递归的方式来写 prove 函数。

代码清单 6-2　以递归方式使用 prove 函数来证明数学归纳法

```
void prove(int n)
{
    if (n == 0) {
        printf(" 根据步骤 1，得出 P(%d) 成立。\n", n);
    } else {
        prove(n - 1);
        printf(" 根据步骤 2，可以说 "若 P(%d) 成立，则 P(%d) 也成立"。\n", n-1, n);
        printf(" 因此，可以说 "P(%d) 是成立的"。\n", n);
    }
}
```

递归和归纳，只是方向不同。"从一般性前提推出个别性结论"的是递归的思想。而"从个别性前提推出一般性结论"的是归纳的思想。

斐波那契数列

在阶乘的递归定义中，使用 $(n-1)!$ 来定义 $n!$。在汉诺塔问题中，利用"$n-1$ 层汉诺塔"来解出"n 层汉诺塔"。大家已经基本掌握"递归"了吧？那么，接下来我们就来思考一下更为复杂的递归。

[①] 本节内容，参考 Paul Hudak 的 *The Haskell School of Expression* (11.1 Induction and Recursion)。

思考题（不断繁殖的动物）

◆ **思考题**

有一种动物，它出生 2 天后就开始以每天 1 只的速度繁殖后代。假设在第 1 天有 1 只这样的动物（该动物刚出生，从第 3 天起繁殖后代）。

那么到第 11 天，这样的动物共有多少只？

◆ **提示**

按顺序思考，找出规律。

【第 1 天】只有 1 只动物。

【第 2 天】有 1 只动物，还没繁殖后代。合计 1 只。

【第 3 天】第 1 天的 1 只动物，繁殖 1 个后代。合计 2 只。

【第 4 天】第 1 天的 1 只动物，又繁殖 1 个后代。

第 3 天出生的那只动物还没繁殖后代。合计 3 只。

【第 5 天】第 1 天和第 3 天出生的 2 只动物又各繁殖 1 个后代。

第 4 天出生的 1 只动物还没繁殖后代。合计 5 只。

我们将目前为止的思考结果画成图（图 6-6）。

图 6-6　第 1 天至第 5 天的生物数

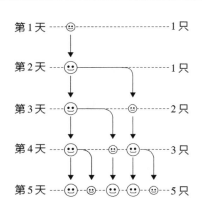

进行归纳时，不用直接想"第 n 天共有几只"，而是像

- 第 $n-1$ 天出生的动物，在第 n 天还活着
- 并且，第 $n-2$ 天以前出生的动物，在第 n 天会繁殖 1 个后代

这样思考就能总结出递推公式。

◆ **思考题答案**

在第 n 天时，"昨天，即第 $n-1$ 天以前繁殖的动物"都活着。而且，"前天，即第 $n-2$ 天以前出生的动物"会繁殖 1 个后代。因此，若设第 n 天的动物总数为 $F(n)$，则

$$F(n) = F(n-1) + F(n-2) \quad （n 为 3, 4, \cdots），$$

$$\underbrace{F(n)}_{\text{第 } n \text{ 天的动物数}} = \underbrace{F(n-1)}_{\text{第 } n-1 \text{ 天前的动物数}} + \underbrace{F(n-2)}_{\text{第 } n-2 \text{ 天前出生的动物数}} 。$$

在这里，为了让 $F(2) = F(1) + F(0)$ 成立（即让 $n = 2$ 时，以上递推公式成立），定义 $F(0) = 0$。此外，将第 1 天的 1 只动物用 $F(1) = 1$ 表示。整理后可得以下递推公式。

$$F(n) = \begin{cases} 0, & （n = 0 \text{ 时}） \\ 1, & （n = 1 \text{ 时}） \\ F(n-1) + F(n-2), & （n = 2, 3, 4, \cdots \text{ 时}） \end{cases}$$

总结出了递推公式之后，我们就可以从 $n = 0$ 开始计算 $F(n)$ 的值了。

$$
\begin{aligned}
F(0) & & & & &= 0 \\
F(1) & & & & &= 1 \\
F(2) &= F(1) &+ F(0) &= 1 &+ 0 &= 1 \\
F(3) &= F(2) &+ F(1) &= 1 &+ 1 &= 2 \\
F(4) &= F(3) &+ F(2) &= 2 &+ 1 &= 3 \\
F(5) &= F(4) &+ F(3) &= 3 &+ 2 &= 5 \\
F(6) &= F(5) &+ F(4) &= 5 &+ 3 &= 8 \\
F(7) &= F(6) &+ F(5) &= 8 &+ 5 &= 13 \\
F(8) &= F(7) &+ F(6) &= 13 &+ 8 &= 21 \\
F(9) &= F(8) &+ F(7) &= 21 &+ 13 &= 34 \\
F(10) &= F(9) &+ F(8) &= 34 &+ 21 &= 55 \\
F(11) &= F(10) &+ F(9) &= 55 &+ 34 &= 89
\end{aligned}
$$

答案：89 只。

到第 11 天为止的繁殖状况如图 6-7 所示，其中 • 表示动物（·表示后代）。这个图有种不可思议的美感！从中也可看出动物数量呈爆发式增长。

图 6-7　第 11 天为止的繁殖状况

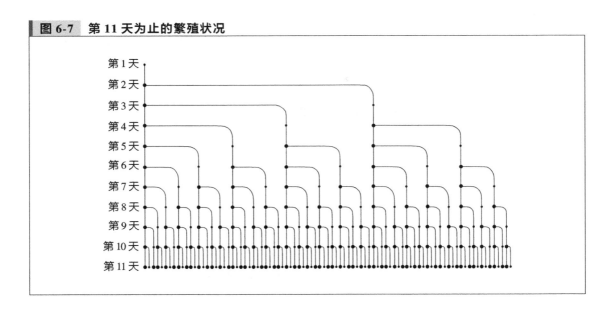

从图 6-7 中找得到 "递归结构" 了吗？如下所示，该图的大结构中还包含了一个更小的结构。不过，它和汉诺塔有所不同，要注意在 n 层中，既包含 $n-1$ 层又包含 $n-2$ 层。

斐波那契数列

问题中出现的数列

$$0, 1, 1, 2, 3, 5, 8, 13, 21, 34, 55, 89, \cdots$$

是在 13 世纪由数学家斐波那契（Leonardo Fibonacci，1170—1250）发现的，因此被命名为

斐波那契数列 [①]。

斐波那契数列会出现在各种问题中。下面举几个例子。

● 摆砖头

现要将 1×2 大小的砖头摆放成长方形阵列，并规定该长方形的纵长必须为 2（图 6-8）。假设长方形的横长为 n，运用斐波那契数列则砖头的摆法为 $F(n + 1)$ 种（图 6-9）。

图 6-8 用 1×2 大小的砖头摆放成纵长为 2，横长为 n 的长方形阵列

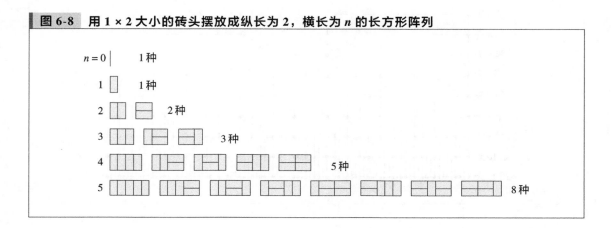

图 6-9 找出砖头摆法的规律

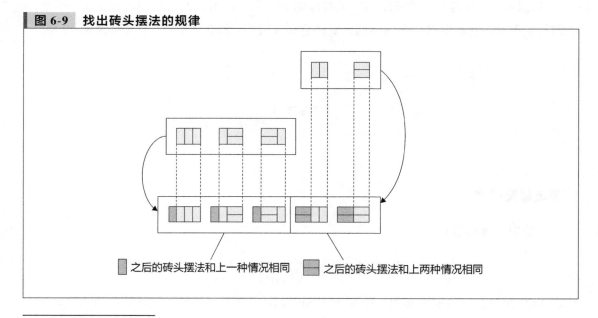

原因很简单。如图 6-9 所示，横长为 n 的摆法就是以下两项相加之和。

- 左边竖立放置 1 块砖头时，右边砖头（$(n-1)$ 块）的摆法情况数
- 左边横叠放置 2 块砖头时，右边砖头（$(n-2)$ 块）的摆法情况数

这个加法计算，正好就是斐波那契数列的递推公式。

请注意，为了让递推公式成立，将 1 块砖头都没有的摆法（$n=0$）算作"1 种"情况。

● 创作旋律

假设现在要用 4 分音符和 2 分音符打拍子来创作节奏。2 分音符的时值等于 2 个 4 分音符。即 4 分音符打 2 拍的时间只能打 1 拍 2 分音符。

若将 4 分音符打 n 拍的时间，用 4 分音符和 2 分音符来填充，则可以打出 $F(n+1)$ 种节奏。

原因和前面摆砖头相同。n 拍时的情况数，是以下 2 项情况数相加的结果（图 6-10）。

- 先打 4 分音符，剩余部分为 $n-1$ 拍时的情况数
- 先打 2 分音符，剩余部分为 $n-2$ 拍时的情况数

图 6-10　**用 4 分音符和 2 分音符打拍子来创作节奏**

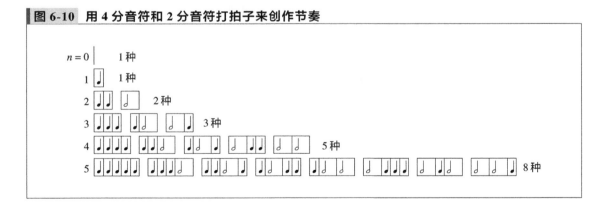

除此以外，在鹦鹉螺的内壁间隔、葵花种子的排法、植物枝叶的长法，以及"一次走 1 阶或 2 阶，爬 n 层阶梯的方法"等问题中，都能看到斐波那契数列的身影。

帕斯卡三角形

什么是帕斯卡三角形

请见图 6-11。这个图形就叫**帕斯卡三角形**。

图 6-11 帕斯卡三角形

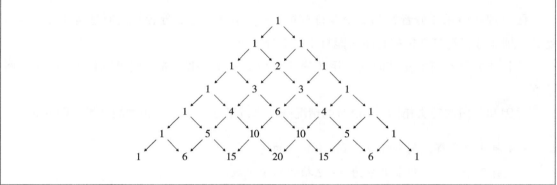

在帕斯卡三角形中，每个数都是上方与它相邻的两数之和。图 6-12 中，用箭头表示出两数的相加方向。

图 6-12 帕斯卡三角形（用箭头表示两数的相加方向）

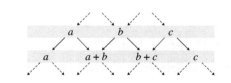

请动手画一下帕斯卡三角形，这样会有助于你理解"相邻两数之和"的意义。在三角形的两端，加数只有 1 个（因此三角形左右两边全都是 1）。

帕斯卡三角形看似只是简单的加法计算练习，而实际上，这里出现的数全都是第 5 章中提到的"组合数"。请见图 6-13。这里将帕斯卡三角形用 C_n^k（从 n 个元素中选出 k 个的组合总数）的形式来表示。

图 6-13 用组合总数 C_n^k 的形式来表示帕斯卡三角形

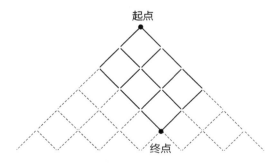

将 C_n^k 写成算式就是 $\frac{n!}{(n-k)!k!}$，其中出现了很多阶乘。而这可以仅通过反复计算"相邻两数之和"来得出，着实让人大吃一惊吧！

●帕斯卡三角形中出现组合数的原因

那么，我们来探究一下，为什么帕斯卡三角形中会出现组合数呢？

我们先把帕斯卡三角形抛在一边，思考一下：下面格子状的路线从起点到终点共有多少种方法可走？

我们在起点开始的各个分叉点上标出"从起点开始到本分叉点有几条路线"。

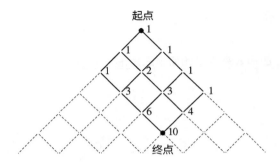

这个计算和画帕斯卡三角形时"上面两数相加"的计算是一样的。因为到达某分叉点的情况数，就是到达它上面的 2 个分叉点的情况数之和（这是加法法则）。

那么，接着看一下下面这种情况。

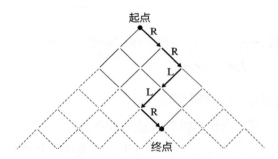

从起点到终点，或左或右走下来的路线有多少条呢？到达终点前，要进行 5 次"往右（R）走，还是往左（L）走"的判断。在 5 次判断中，必须不多不少地选择 3 次往右才能到达终点。即路线的选法等于 5 中选 3 的组合。

$$C_5^3 = \frac{5!}{(5-3)!3!} = 10$$

这样就通过两种方法算出从起点到终点的路线数了。一种方法与帕斯卡三角形的原理相同，即"相邻两数相加"。另一种是计算"n 中选 k 的组合数"方法。因为两种方法的计算对象相同，所以结果应该也相同。由此可知，相邻两数相加得到的帕斯卡三角形，可以用组合数来表示。

递归定义组合数

请看下面的式子。这是什么呢？

$$C_n^k = C_{n-1}^{k-1} + C_{n-1}^k$$

这就是用 C_n^k 表示帕斯卡三角形（图 6-13）。像下面那样画图描述可能更容易理解。相邻两数相加，得出下一行的数。

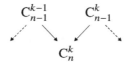

在上式中，又出现了 n 和 k 两个变量，看上去比较烦琐。不过从本章主题"递归"的角度再看一下这个式子，有没有什么新的发现？

左边出现的是变量 n、k，而右边出现的是变量减 1，如 $n-1$、$k-1$。这与汉诺塔和阶乘中出现的递归定义模式非常相似。只要补上相当于基底的定义，就能构成"组合数的递归定义"。我们来看一下。

设 n 和 k 都是整数，并且 $0 \leqslant k \leqslant n$。将 C_n^k 定义如下，这就是组合数的递归定义。

$$C_n^k = \begin{cases} 1, & （k = 0 \text{ 或 } k = n \text{ 时}）\\ C_{n-1}^{k-1} + C_{n-1}^k, & （0 < k < n \text{ 时}）\end{cases}$$

组合的数学理论解释

我们再变换一下视角。再仔细观察下面的式子。

$$C_n^k = C_{n-1}^{k-1} + C_{n-1}^k$$

现在开始，考虑一下该式的"意义"。

C_n^k 是 n 中选 k 的组合总数。因此，上式可以用以下文字来表述。

"n 中选 k 的组合数"等于"$n-1$ 中选 $k-1$ 的组合数"加上"$n-1$ 中选 k 的组合数"。

只这样说可能没什么具体的感觉。那么我们设 $n = 5$，$k = 3$ 具体来看看。

"5 中选 3 的组合数"等于"4 中选 2 的组合数"加上"4 中选 3 的组合数"。

如果还是不能豁然开朗，那我们改成下面这样如何？

"从 A, B, C, D, E 这 5 张牌中选出 3 张牌的组合数"等于"**包含 A** 的组合数"加上"**不包含 A** 的组合数"。

这就明白了吧？5 张中选 3 张时，选出的 3 张牌要么是"**包含 A** 的 3 张"，要么是"**不包含 A** 的 3 张"。通过是否包含 A 来兼顾完整性和排他性，而由于没有重复，所以可以使用加法法则。

如何求出"包含 A 的组合数"呢？由于 A 是既定的，因此剩下的就是从除 A 以外的 4 张牌中选出 2 张就行了。即 4 中选 2 的组合总数。

如何求出"不包含 A 的组合数"呢？必须从 A 以外的 4 张牌中选出 3 张。即 4 中选 3 的组合总数。

以上就为理解下式打好了基础。

$$C_n^k = C_{n-1}^{k-1} + C_{n-1}^k$$

在该式中，根据是否包含某张特定的牌，可将从 n 张牌中取出 k 张的情况分为两种。

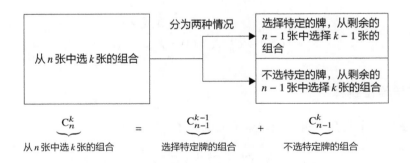

如上所示，这里并没有将组合的相关式子作为单纯的算式来处理，而是挖掘组合在数学理论上的意义，我们将其称为组合的数学分析法。

以上是将复杂问题简化的递归解法之一。为了找出复杂问题中隐含的递归结构，我们一般这样做。

- 从整体问题中隐去部分问题（相当于关注特定牌）
- 判断剩余部分是否和整体问题是同类问题

这点非常重要，我们换一种方式再解释一下。假设现在要找出问题中的递归结构，那么应按以下步骤进行。

- 从 n 层的整体问题中隐去部分问题
- 判断剩余部分是否是 $n-1$ 层的问题

这就是发现递归结构的要领。

本章出现的所有问题，如数学归纳法、汉诺塔问题、阶乘、组合数都具有递归结构。关注特定部分，便可发现剩余部分和自身具有相同的结构。一定要掌握找出递归结构的感觉。

递归图形

以递归形式画树

本节我们来看看"递归图形"。具有递归结构的图形，自然是用递归手法描绘出来的。请看图 6-14。你能从中找出递归结构吗？

图 6-14　以递归形式画的树

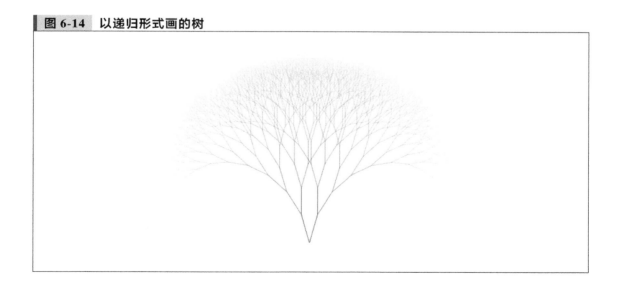

从根看起，可以发现树枝逐层展开。为了找出递归，我们观察一下树中隐藏的"基本结构"。

发现了没有？这个树枝有左右两个分叉，每个分叉又连接着与树本身一样的结构。隐去我们着眼的树枝，剩余部分就是缩小的树枝。这里就有递归结构。

我们用变量（参数）n来代替"缩小的树枝"，这个n表示树枝的大小。这样，"第n层的树枝"就可以用"分别向左右伸出第n层的树枝，在树枝前端又连接第$n-1$层的树枝"来表示。树枝的递归结构模拟如下。

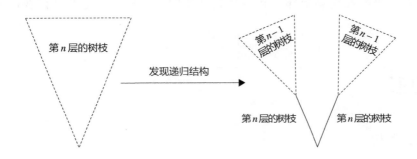

而第0层的树枝，就是"什么也不画"。

实际作图

既然已经说到这里，我们就根据刚才的模拟图，使用海龟作图实际画一下吧。海龟作图就是在平面上放一只海龟，通过控制海龟来画图。这里，我们会用到图6-15所示的4个操作。

- forward(n)　　前进n步并画线（画出第n层的树枝）
- back(n)　　　后退n步不画线
- left()　　　　左转一定的角度
- right()　　　右转一定的角度

图 6-15 **海龟作图的 4 个操作**

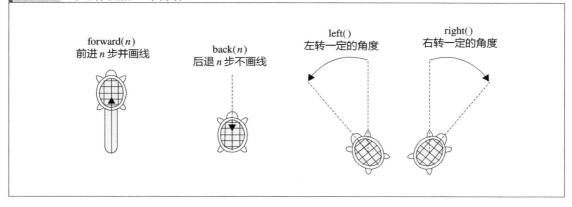

以下是描绘 n 层树枝的 drawtree 函数，请看代码清单 6-3。

代码清单 6-3 **描绘 n 层树枝的 drawtree 函数**

```
void drawtree(int n)
{
    if (n == 0) {
        /* 什么也不做 */
    } else {
        left();              /* 左转 */
        forward(n);          /* 描画第 n 层的树枝 */
        drawtree(n-1);       /* 描画第 n-1 层的树枝 */
        back(n);             /* 后退 */
        right();             /* 右转 */

        right();             /* 右转 */
        forward(n);          /* 描画第 n 层的树枝 */
        drawtree(n-1);       /* 描画第 n-1 层的树枝 */
        back(n);             /* 后退 */
        left();              /* 左转 */
    }
}
```

谢尔平斯基三角形

再介绍一个递归图形的例子——谢尔平斯基三角形（Sierpinski gasket，Sierpinski triangle）（图 6-16）。

图 6-16　谢尔平斯基三角形

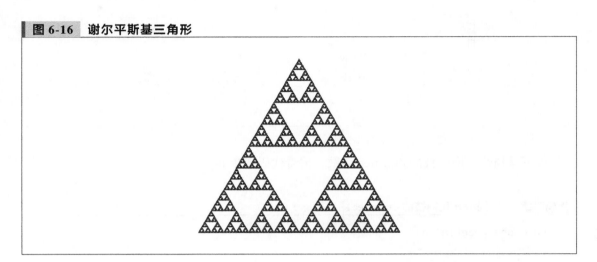

观察这个图形的递归结构，就会有如下发现。

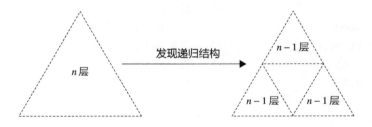

用颜色区分帕斯卡三角形中的奇数和偶数，就出现了谢尔平斯基三角形。非常有意思吧！

我们将这种含有递归结构的图形称为**分形图**（图 6-17）。

图 6-17　用颜色区分帕斯卡三角形中的奇数和偶数

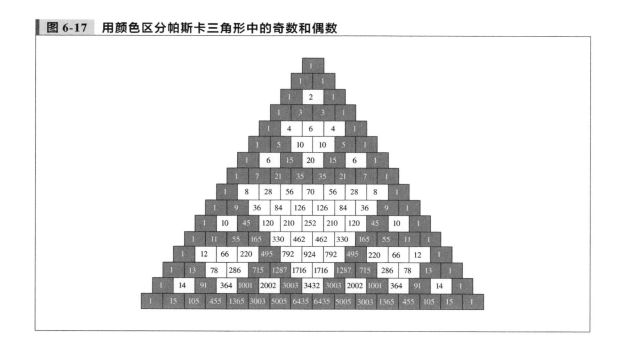

本章小结

　　本章学习了从"递归"的观点把握问题的方法。只要找出问题中隐含的"递归结构"，就能由此导出递归定义和递推公式。以递归形式来描述具有递归结构的事物，一来显得比较自然，二来能够简洁地描述复杂的结构。

　　编程时会经常遇到递归结构。如程序源代码缩进、树形数据结构、HTML 语法、快速排序算法等都包含递归结构。

　　从斐波那契数列的递增方式，以及递归树的生长方式中，能够想象得到递归结构有时会膨胀得很大。下一章中我们就来实际体验一下吧。

◎ **课后对话**

　　学生：把握结构是关键吧？

　　老师：对！非常关键！

　　学生：为什么呢？

　　老师：因为把握结构是"分解"整个问题的突破口。

第 **7** 章

指数爆炸
——如何解决复杂问题

◎ **课前对话**

老师：假设现在有一张非常柔软的纸，厚度为 1 mm。对折多少次后厚度能达到地球到月球的距离呢？

学生：100 万次左右吗？

老师：不对。

学生：还要更多？

本章学习内容

本章学习"指数爆炸"。所谓爆炸，其实不是真的爆炸。指数爆炸是指数字呈爆炸式增长。如果遇到的问题中包含指数爆炸就要多加注意了。因为一旦处理不好，该问题可能会膨胀到难以收拾的地步。相反，若能巧妙利用"指数爆炸"，它将成为解决难题的有力武器。

下面，我们先学习指数爆炸的概念，然后我会给大家介绍查找程序、掌握指数爆炸的对数以及运用了指数爆炸的密码等。

什么是指数爆炸

首先来实际体验一下指数爆炸的威力吧。

思考题（折纸问题）

◆ 思考题——折纸问题

假设现在有一张厚度为 1 mm 的纸，纸质非常柔软，可以对折无数次。每对折 1 次，厚度便翻一番。

已知地球距月球约 390 000 km，请问对折多少次后厚度能超过地月距离呢？

◆ 提示

这个问题看上去有点异想天开。即从 1 mm 开始，反复进行厚度翻倍的"倍数游戏"，要重复多少次才能超过 390 000 km。

1 mm 的纸对折 1 次，厚度变为 2 mm。对折 2 次，厚度变为 4 mm。

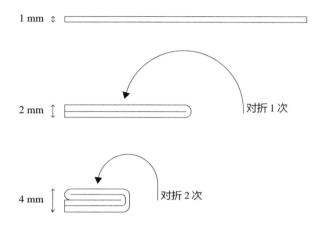

在计算前，我们先凭感觉估计一下对折多少次能到达月球。100 万次会不会太多了？1 万次差不多吧？你觉得对折几次合适呢？

◆ **思考题答案**

对折次数和厚度的对应关系如下。

1 → 2 mm
2 → 4 mm
3 → 8 mm
4 → 16 mm
5 → 32 mm
6 → 64 mm
7 → 128 mm
8 → 256 mm
9 → 512 mm
10 → 1024 mm

对折 10 次后厚度是 1024 mm。也就是说这才达到 1.024 m。下面就以 m 为单位吧。

11 → 2.048 m
12 → 4.096 m
13 → 8.192 m
14 → 16.384 m

15 → 32.768 m

16 → 65.536 m

17 → 131.072 m

18 → 262.144 m

19 → 524.288 m

20 → 1048.576 m

对折 20 次是 1048.576 m，已经超过了 1 km 呢！那么……单位改为 km 吧。

21 → 2.097 152 km

22 → 4.194 304 km

23 → 8.388 608 km

24 → 16.777 216 km

25 → 33.554 432 km

26 → 67.108 864 km

27 → 134.217 728 km

28 → 268.435 456 km

29 → 536.870 912 km

30 → 1073.741 824 km

不得了！对折 30 次就超过了 1000 km。而东京和福冈之间的直线距离只有 900 km 左右。

31 → 2147.483 648 km

32 → 4294.967 296 km

33 → 8589.934 592 km

34 → 17 179.869 184 km

35 → 34 359.738 368 km

36 → 68 719.476 736 km

37 → 137 438.953 472 km

38 → 274 877.906 944 km

39 → 549 755.813 888 km

对折 39 次达到了 549 755.813 888 km，这就超过了地月距离（约 390 000 km）。

答案：39 次。

指数爆炸

仅仅对折了 39 次，就让 1 mm 的纸的厚度达到了地球到月球的距离，实在是让人大吃一惊！**仅仅反复"折纸"，数值不断翻倍**，就很快得出了非常庞大的数值。我们把这种数值急速增长的情况称为"**指数爆炸**"。之所以称为指数爆炸是因为折纸时厚度（2^n）的指数 n 就是对折次数。[①] 根据上下文，也可以称为"指数式增长"。

为使大家直观地理解指数爆炸，我们来画个图（图 7-1）。横轴表示对折次数，纵轴表示厚度。

图 7-1　对折次数和厚度关系图

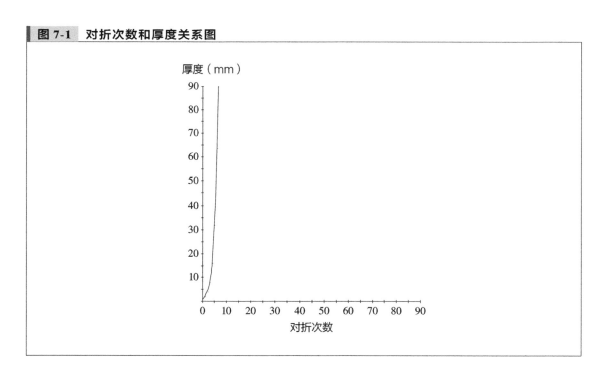

从中可见，指数函数迅速攀升，其图像几乎垂直于 x 轴。第 6 章介绍的汉诺塔，随着圆盘数目的增加，操作步骤呈指数式增长。此外，斐波那契数列也呈指数式增长。

[①]　2^n 会发生指数爆炸，而 n^2 则不会。

倍数游戏——指数爆炸引发的难题

刚才的问题是：将纸对折几次，厚度能达到地球到月球的距离。结果只用了 39 次就完成了，与最初的印象大相径庭呢！请记住这点。

我们必须注意问题中是否包含倍数游戏——指数爆炸。因为包含指数式增长的问题，即使初看比较简单，但只要问题稍微复杂一点，就会变得难以解决。就好比我们以为离目的地只有几步之遥，而实际却相差十万八千里。

那么，我们就来思考一下这种"指数爆炸"问题。爆炸源究竟在哪里呢？

程序的设置选项

程序中有控制程序运行的"设置选项"。图 7-2 大家都见过吧？

图 7-2 设置选项

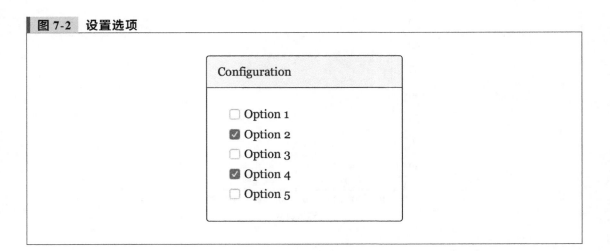

从 Option 1 到 Option 5，图中有 5 个复选框，它们能分别切换选中状态（On/Off）。选中不同的复选框，程序的执行也会有所不同。

程序员必须**测试**自己开发的程序是否能够正确运行。如果测试不完备，程序就有可能崩溃（crash）或挂起（freeze）。甚至可能发生文件破损，工作成果丢失的情况。

程序的运行是随着设定选项的改变而变化的。因此，有可能会出现"Option 1 为 On，Option 2 为 Off 时，程序正常运行。而 Option 1 和 Option 2 都是 On 时，程序崩溃"的情况。

所以，应该根据设定选项的各种情况，对程序进行反复测试。在了解了以上内容后，请回答下题。

◆ **思考题**

　　假设设定选项中有 5 个复选框，每个复选框都有 On/Off 两种状态。要测试设定选项的所有情况，需要几次呢？若将设定选项改为 30 个复选框，答案又是什么？

◆ **思考题答案**

　　因为 1 个复选框有两种状态，所以 n 个复选框的测试次数为

$$\underbrace{2 \times 2 \times \cdots \times 2}_{n\text{个}} = 2^n$$

共需要测试 2^n 次。这里使用了乘法法则。

　　当有 5 个复选框时结果为

$$\underbrace{2 \times 2 \times 2 \times 2 \times 2}_{5\text{个}} = 2^5 = 32$$

即共需要测试 32 次。

　　而当有 30 个复选框时结果为

$$\underbrace{2 \times 2 \times \cdots \times 2}_{30\text{个}} = 2^{30} = 1\,073\,741\,824$$

即共需要测试 10 亿 7374 万 1824 次。

　　答案：当有 5 个复选框时，需要测试 32 次。

　　　　　当有 30 个复选框时，需要测试 10 亿 7374 万 1824 次。

● **回顾**

　　30 个选项说起来也不算多。打开稍微大点的应用程序的"选项"菜单看看就知道了。不过尽管如此，光测试 30 个设定选项的所有可能性，就需要 10 亿 7374 万 1824 次。

　　假设 1 次测试需要 1 分钟。1 天也只能测 $60 \times 24 = 1440$ 次。一年最多 366 天，以此计算 1 年最多可以测 $60 \times 24 \times 366 = 527\,040$ 次。要完成 10 亿 7374 万 1824 次测试，需要

1 073 741 824 ÷ 527 040 ≈ 2037.3 年以上。

综上所述，**要一个不漏地测试设定选项的所有可能性是不现实的。**

因此，通常在软件开发中不进行这种"一个不漏"的全覆盖测试，而是只挑选出可能对功能有影响的选项进行测试。这时，如何选出要测试的设定选项是很重要的。因为选多了，非但测试没有意义，而且测试量也将呈指数式增长。

不能认为是"有限的"就不假思索

有倍数游戏的地方，就有指数爆炸。一旦发生指数爆炸，就完全不能像预想的那样"通过几步就解决"了。因此在解题之前，要先判断其中是否隐含着倍数游戏。

有些读者可能会想：虽说是指数爆炸，但它也是有限的，只要让计算机全速运行，总会解决的，不必想得太多。然而这种想法是不正确的。

当然，如果问题是有限的，并且可以做到一个不漏地解决，那么只要运行计算机总会处理完。但是，如果需要花上几千年的时间才能解决，这种"解决"就对人类没有意义了。一般问题不仅要在"有限的时间"里，更要在人们期待的"短时间"内解决，这一点至关重要。

因此，如果问题中包含指数爆炸，就不能简单地采用"一个不漏"的方法解决。

二分法查找——利用指数爆炸进行查找

我们已经体会到了指数爆炸的厉害，这次就来思考如何借助指数爆炸的力量吧。

寻找犯人的思考题

有 15 个犯罪嫌疑人排成一排，其中只有 1 个是真正的"犯人"（图 7-3）。你要通过问他们"犯人在哪里？"来找出真正的犯人。

图 7-3　从 15 人中找出犯人

假设选择其中 1 人问"犯人在哪里",会得到以下 3 种答案,其中有 1 个是正确的(图 7-4)。

(1)"我是犯人。"(询问对象是犯人时)

(2)"犯人在我左边。"

(3)"犯人在我右边。"

图 7-4　3 种回答

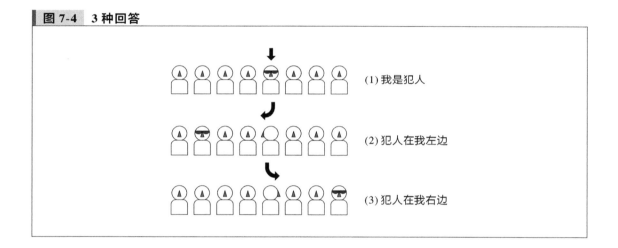

这时,仅通过 **3 次问话**就能在 15 人中找到真正的犯人。那么,应该怎样问话呢?

提示:先思考人数较少的情况

因为犯人在 15 人中,所以只要从边上开始按顺序提问,15 次就一定能找到犯人。而只提问 3 次,能不能找到呢?

15 人有点多,我们先缩小一下问题规模。先假设犯人在 3 人中(图 7-5)。

图 7-5　假设犯人在 3 人中

这种情况下，只要向中间的那个人提问，就能确定谁是犯人。中间的人不一定必须就是犯人。即使不直接向犯人提问，也可根据中间的人的回答确定谁是犯人（图7-6）。

(1) "我是犯人" → 本人是犯人。

(2) "犯人在我左边" → 左边的人是犯人。

(3) "犯人在我右边" → 右边的人是犯人。

图 7-6　3 个人的情况下，提问 1 次就能确定犯人

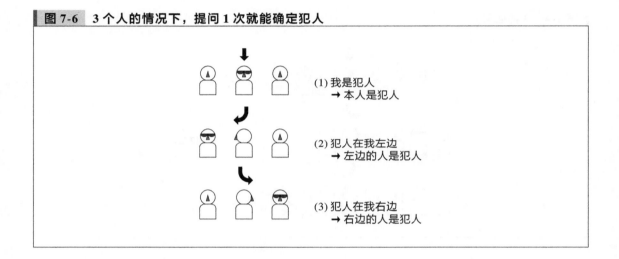

按照这个思路，当人数为 15 人时，应该如何提问呢?

思考题答案

如下所示，反复"在包含犯人的范围内，向正中间的人提问"，那样的话提问 3 次就能找到犯人。

【第 1 次提问】首先，向 15 人里正中间的那个人提问

这时，我们知道犯人在左边 7 人、本人、右边 7 人这三组的其中一组中。如果本人就是犯人，那么提问结束。

【第 2 次提问】接着，向筛选出的 7 人里正中间的那个人提问

这时，我们知道犯人在左边 3 人、本人、右边 3 人这三组的其中一组中。如果本人就是犯人，那么提问结束。

【第 3 次提问】最后，向筛选出的 3 人里正中间的那个人提问

这时，我们知道犯人在左边 1 人、本人、右边 1 人这三组的其中一组中。这样就可以找出犯人（图 7-7）。

图 7-7 向正中间的人提问，经过 3 次就能找出犯人

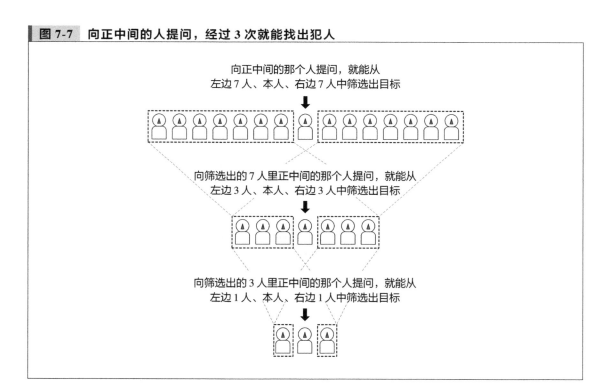

向正中间的那个人提问，就能从
左边 7 人、本人、右边 7 人中筛选出目标

向筛选出的 7 人里正中间的那个人提问，就能从
左边 3 人、本人、右边 3 人中筛选出目标

向筛选出的 3 人里正中间的那个人提问，就能从
左边 1 人、本人、右边 1 人中筛选出目标

找出递归结构以及递推公式

假设右起第 5 人是犯人，步骤就如图 7-8 所示那样。将犯人所在的范围依次缩小为 15 人→ 7 人→ 3 人→ 1 人。

图 7-8 犯人是右起第 5 人的情况

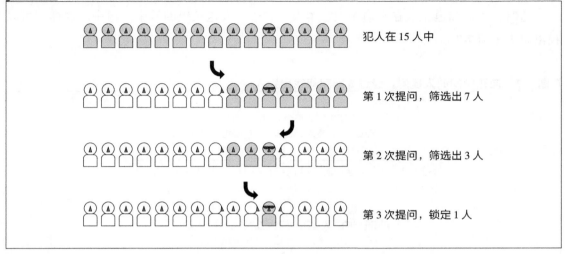

图 7-8 犯人是右起第 5 人的情况

犯人在 15 人中

第 1 次提问，筛选出 7 人

第 2 次提问，筛选出 3 人

第 3 次提问，锁定 1 人

关键之处在于向正中间的人提问 1 次，就能筛选掉**超过一半**的人。实际上，这里隐藏着使用第 $n-1$ 层问题来表示第 n 层问题的**递归结构**。

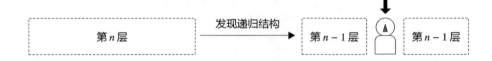

这里所说的"第 n 层"中的 n，就是"剩余提问次数"。

现在，将"第 n 次提问所能确定的最多犯人人数"写作 $P(n)$。

我们先来思考 n 为 0 的情况。要想在第 0 次提问（不提问）的情况下确定犯人，必须一开始只有 1 个嫌疑人。如果有 2 个以上的嫌疑人，就只能通过提问才能确定犯人了。因此，$P(0)$ 为 1。

$$P(0) = 1$$

接着，思考 n 为 1 的情况。3 人时，提问 1 次能确定犯人，而 4 人以上时，提问 1 次不能确定犯人。因此，$P(1)$ 为 3。

$$P(1) = 3$$

通过递归结构，能整理出以下递推公式。

$$P(n) = \begin{cases} 1, & (n = 0 \text{ 的场合}) \\ P(n-1) + 1 + P(n-1), & (n = 1, 2, 3, \cdots \text{ 的场合}) \end{cases}$$

如下分析上述递推公式更易理解。

$$\underbrace{P(n)}_{\substack{\text{第 } n \text{ 次提问所能} \\ \text{确定的最大人数}}} = \underbrace{P(n-1)}_{\substack{\text{"犯人在左边"的回答后，第 } n-1 \\ \text{次提问所能确定的最大人数}}} + \underbrace{1}_{\substack{\text{本次提问对象}}} + \underbrace{P(n-1)}_{\substack{\text{"犯人在右边"的回答后，第 } n-1 \\ \text{次提问所能确定的最大人数}}}$$

这个递推公式和"汉诺塔"的递推公式形式相同，不过 $n = 0$ 时的值不同。$P(n)$ 的解析式如下

$$P(n) = 2^{n+1} - 1$$

即通过 n 次提问，可以在 $2^{n+1} - 1$ 人中确定犯人。

二分法查找和指数爆炸

上述"寻找犯人"的思考题中使用的方法，和计算机中查找数据时常用的"二分法查找"是一样的。

二分法查找（binary search）是在有序数据中找出目标数据时"总是判断目标数据所在范围内正中间数据"的方法。也叫作"二分法""二分查找"。

下图中有 15 个数按顺序排列。假设要在其中查找出特定的数（如 67）。要求这些数必须从小到大排列，并且要查找的数必为其中之一。

16	17	23	29	31	42	45	58	62	66	67	71	78	83	88

和找犯人相同，要反复"判断正中间的数"。判断 1 次会出现以下 3 种情况之一。（这 3 种情况是兼顾完整性和排他性的。）

- 判断的数等于 67（查找成功）
- 判断的数大于 67（目标数据在左边）

· 判断的数小于 67（目标数据在右边）

和找犯人完全一样，也仅通过 3 次判断就找到了 67。

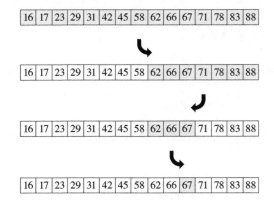

15 个数不算多，从边上开始判断也不会花太多工夫。不过，要知道**二分法查找使用了指数爆炸的方法**。二分法查找在大量数据中进行查找时，会发挥出巨大的威力。例如，仅判断 10 次，就能在 2047 个数据中找到目标数据。判断 20 次就能在 209 万 7151 个数据中找到目标数据。判断 30 次就能在 21 亿 4748 万 3647 个数据中找到目标数据。[①]

二分法查找的关键在于，**每判断 1 次就能筛选出近一半的查找对象**。因此，必须将查找对象"有序"排列。否则，判断时就不能确定目标数据"在左边还是在右边"了。所以，在上一节"找犯人"的问题中，排成一排的人都知道犯人在自己的左边还是右边。

用二分法查找，每判断 1 次就能筛选出近半数查找对象。换言之，**多判断 1 次就能从近 2 倍的查找对象中找出目标数据**。二分法查找有效地利用了指数爆炸，大家明白了吧？

对数——掌握指数爆炸的工具

一旦发生指数爆炸，数字就会变得非常庞大。本节，我们就来学习处理这种庞大数字的工具——"对数"。

---

① 和"找犯人"相同，判断 n 次就能从 $2^{n+1} - 1$ 个数据中找出目标数据。

什么是对数

求数 100 000 中 0 的个数（5），就称作求 100 000 的**对数**，也称作取对数、计算对数。100 000 的对数是 5。而 100 的对数是 2，1000 的对数是 3，10 000 000 000 000 000 的对数是 16（数字 0 的个数）。

再庞大的数，其对数也会相对较小。因为对数是用 0 的个数来表示该数。例如，宇宙中所有基本粒子的总数为 100 000 000 000 000 000 000 000 000 000 000 000 000 000 000 000 000 000 000 000 000 000 000 000 000 000，它的对数只有 80。庞大的数值位数多得难以处理，而处理对数就容易多了。

"1000 的对数是 3" 的表述，更为正确的写法是 "**以 10 为底**，1000 的对数为 3"。这里所说的 "**底**"，相当于 "什么的 3 次方为 1000?" 中的 "什么"。底也称为 "**基数**"。

对数和乘方的关系

对数和乘方是互逆关系。下面两句话说的是一回事。

· 10 的 5 次方为 100 000
· 以 10 为底，100 000 的对数为 5

乘方是 "反复相乘到指定次数" 的计算。相反，对数则是 "乘多少次能得到该数" 的计算。乘方和对数确实是互逆关系呢。

我们将 "10 的 5 次方" 记作

$$10^5$$

当然，具体的值如下。

$$10^5 = 100\ 000$$

相同地，我们将 "100 000 的对数" 记作

$$\log_{10} 100\ 000（读作 "log10 万"）$$

即可，不用写作 "100 000 的对数"。

具体的值如下。

$$\log_{10} 100\,000 = 5$$

因为 $\log_{10} 100\,000$ 表示"10 的几次方为 100 000",而 $10^5 = 100\,000$。log 是 logarithm 的缩写,意为对数。

或许一看到算式,你就觉得内容一下变难了,不过其实只要理解"对数是乘方的逆运算",就没那么难了。

下面来做几道思考题,看看大家是否理解 log 了。

◆ **思考题**

$\log_{10} 1000$ 的值是多少?

◆ **思考题答案**

$\log_{10} 1000 = 3$。可以考虑 $10^3 = 1000$,也可以单纯地看"1000 的 0 的个数"。

◆ **思考题**

$\log_{10} 10^3$ 的值为多少?

◆ **思考题答案**

因为 $10^3 = 1000$,所以 $\log_{10} 10^3 = 3$。

$\log_{10} N$ 表示"10 的几次方为 N"。$\log_{10} 10^a$ 的值总是 a,因为 10 的 a 次方就是 10^a。

◆ **思考题**

$10^{\log_{10} 1000}$ 的值为多少?

◆ **思考题答案**

$10^{\log_{10} 1000} = 1000$。因为 $\log_{10} 1000$ 为 3,所以 $10^{\log_{10} 1000} = 10^3$,即 1000。

$\log_{10} N$ 表示"10 的几次方为 N",所以 $10^{\log_{10} N}$ 的值总是 N。

以 2 为底的对数

至此主要介绍的是以 10 为底的对数。我们也可以用相同的思路来看以 2 为底的对数。即,按照如下思路

$$10^3 = 1000 \xleftrightarrow{\text{相同}} \log_{10} 1000 = 3$$

有

$$2^3 = 8 \xleftrightarrow{\text{相同}} \log_2 8 = 3$$

$\log_{10} 1000$ 表示 "10 的几次方是 1000"，而 $\log_2 8$ 表示 "2 的几次方是 8"。

以 2 为底的对数练习

为了熟悉以 2 为底的对数，我们来做些练习吧。

◆ **思考题**

$\log_2 2$ 的值是多少?

◆ **思考题答案**

$\log_2 2 = 1$。因为 2 的 1 次方为 2。

◆ **思考题**

$\log_2 256$ 的值是多少?

◆ **思考题答案**

因为 256 是 2 的 8 次方，所以 $\log_2 256 = 8$。

对数图表

我们知道，再难以处理的庞大数值，它的对数都是更易处理的较小数值。这点从以下算式中不难发现。

$$\log_{10} 1 = 0$$
$$\log_{10} 10 = 1$$
$$\log_{10} 100 = 2$$
$$\log_{10} 1000 = 3$$
$$\log_{10} 10\ 000 = 4$$
$$\log_{10} 100\ 000 = 5$$
$$\log_{10} 1\ 000\ 000 = 6$$
$$\vdots$$
$$\log_{10} 100\ 000\ 000\ 000\ 000\ 000\ 000\ 000\ 000\ 000\ 000\ 000\ 000\ 000\ 000\ 000 = 50$$

若在纵轴上使用对数，即使发生指数爆炸也能绘制出一目了然的图表来。这称为**对数图表**。

在图 7-9（左）中，用普通图表表示纸对折后的厚度时，曲线会骤然上升，不太好看。但如果画成图 7-9（右）的对数图表，指数爆炸也能表现得更好看。

请看对数图表纵轴上的数。$2^0, 2^{10}, 2^{20}, \cdots$，即 1, 1024, 1 048 576, $\cdots$ 呈指数式增长。像这样等间距标出呈指数式增长的数就是对数图表的特征。

对数图表能够帮助我们把握发生指数爆炸的数急速增长的情况。

图 7-9　用对数图表表示对折次数和厚度关系

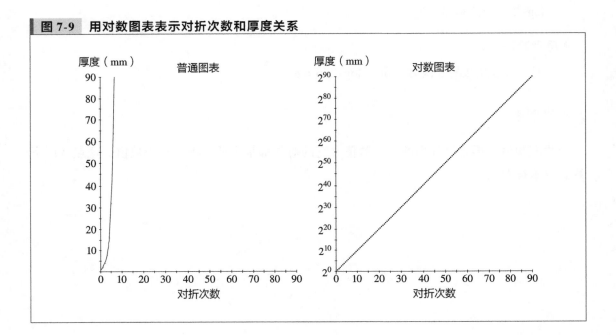

指数法则和对数

我们再进一步思考。

请仔细观察以下指数运算法则。

$$10^a \times 10^b = 10^{a+b}$$

现假设 100 和 1000 进行"乘法计算"。100 是 10^2，1000 是 10^3。根据指数法则，以下等式成立。

$$10^2 \times 10^3 = 10^{2+3}$$

虽然是 100 和 1000 进行"乘法计算"，但是只要做指数 2 和指数 3 的"加法计算"，就能求出答案 10^{2+3}，即 100 000。

现在进行的计算可以用图 7-10 来表示。

图 7-10　使用加法进行乘法计算

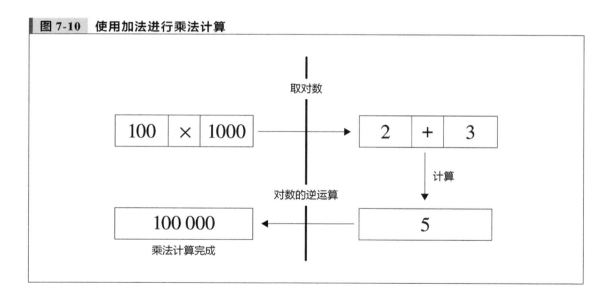

取 10^2 的指数 2 和 10^3 的指数 3，相当于求原数值的对数。因此，2 个数相乘时，分别求出它们的对数并相加，再进行乘方运算，即这里可以**用加法实现乘法计算**。

用对数（log）表示指数运算法则如下。（设 $A > 0, B > 0$）

$$\log_{10}(A \times B) = \log_{10} A + \log_{10} B$$

乘法比加法难。而使用对数，就能将乘法转换为加法。即"将复杂计算转换为简单的计算"。

我们来归纳一下。现假设 2 个正数 A 和 B 相乘。我们不直接用 A 乘以 B，而是执行以下 3 个步骤。

(1) 分别求出"A 的对数"和"B 的对数"。

(2) 把"A 的对数"和"B 的对数"相加。

(3) 相加的结果进行乘方（对数的逆运算）。

通过这 3 个步骤，就能计算 $A \times B$ 了（图 7-11）。

图 7-11　使用加法进行乘法计算（抽象化）

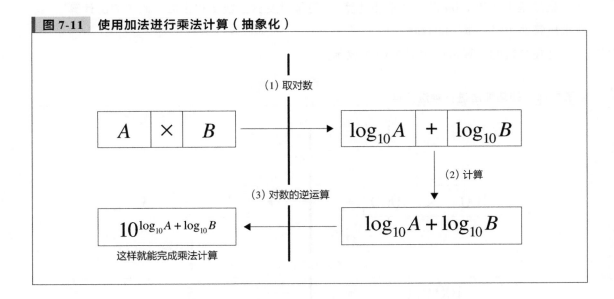

学生：虽然加法比乘法简单，但是对数计算可比乘法难多了。

老师：确实如此。不过可以将对数事先做成表。下一节中我们会讲到计算尺，它是一种将事先计算好的对数标成刻度的工具。

对数和计算尺

我们先来回顾一下历史。

对数是由**约翰·奈皮尔**（John Napier，1550—1617）于 1614 年发现的。奈皮尔展示了有效使用对数进行乘法和除法计算的方法。

当时的天文学家，必须在没有计算机的条件下，处理庞大的数值并进行许多乘法计算。因此奈皮尔的对数表和计算尺得到了广泛运用。

上一节讲过使用对数可以有效地将乘法计算转换为加法计算。

而**计算尺**就是使用对数进行乘法计算时的一种辅助工具。下面讲解一下简化了的计算尺及其原理。

请看图 7-12。图中使用数轴进行了 3 + 4 = 7 的计算。将刻度间隔相同的 2 个数轴交错排列，读取刻度就能进行加法计算。

图 7-12　使用计算尺进行加法计算

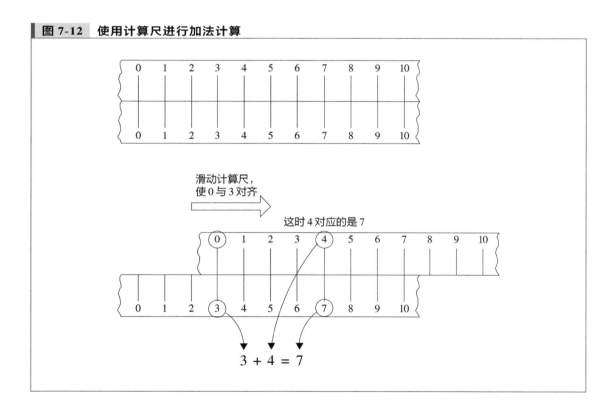

若数轴的刻度保持等间隔不变，将各个刻度上的数规定为乘方，就能把上面的加法转换为乘法了。图 7-13 为使用数轴计算 $10^3 \times 10^4 = 10^{3+4}$。

在该数轴中，刻度每向右移动 1 个单位，数值就变为原来的 10 倍。这种呈指数式增长的刻度就是对数刻度的特征。

图 7-14 的数轴也是对数刻度。不过这个数轴和图 7-13 有所不同，刻度每向右移动 1 个位置，数值只增加 1，而刻度的间隔却递减。虽然形式不同，但这也是对数刻度。该图计算的是 $3 \times 4 = 12$。

图 7-13　指数的加法计算变为了乘法计算

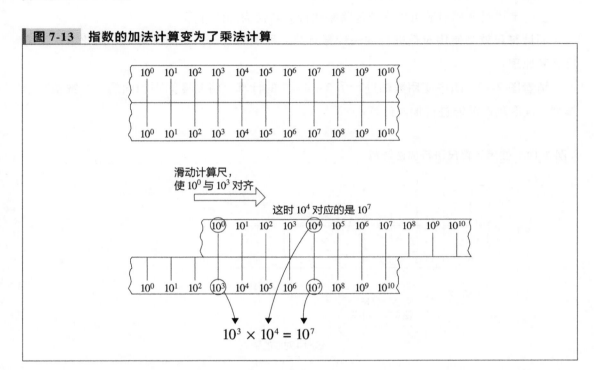

图 7-14 使用对数进行乘法计算

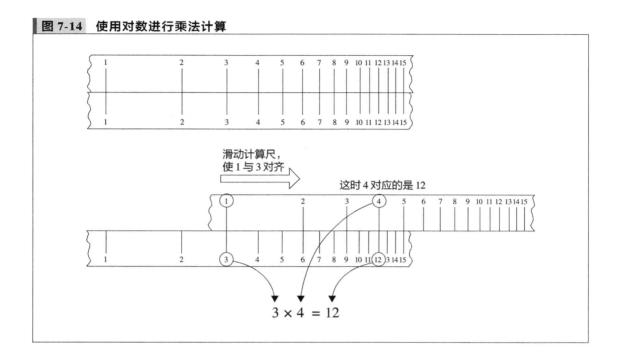

滑动计算尺，
使 1 与 3 对齐

这时 4 对应的是 12

$$3 \times 4 = 12$$

密码——利用指数爆炸加密

本节讲讲指数爆炸如何帮助我们保护信息。

暴力破解法

现在使用的密码，是用名为"密钥"的随机字节流来加密的（图 7-15）。只有知道这个"密钥"的人才能将密文还原（解密）为原来的消息（原文）。

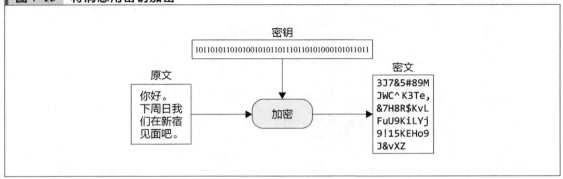

图 7-15 将消息用密钥加密

假设现在某人不知道密钥，却想解读密文。如果加密算法没有任何弱点，那就只能"一个不漏"地去试密钥了。即做出和密钥长度相同的字节流，尝试破译密文。就像用不同的钥匙，试着看哪把能开启这扇上了锁的门。

这种密码破译法称为**暴力破解法**（brute-force attack）。

字长和安全性的关系

被用作密钥的字节流长度（**密钥的字长**）越长，暴力破解就越费时。

如果密钥的字长只有 3 位，那么正确的密钥必是下列 8 种之一。

000, 001, 010, 011, 100, 101, 110, 111

即如果密钥为 3 位，那么最多试 8 次便能破解密文。

我们再来看 4 位密钥是什么情况。密钥有以下 16 种可能。

0000, 0001, 0010, 0011, 0100, 0101, 0110, 0111,

1000, 1001, 1010, 1011, 1100, 1101, 1110, 1111

即，4 位密钥，最多试 16 次就能破解密文。

依此类推，5 位密钥，最多试 32 次可破解。6 位密钥，最多试 64 次可破解。看了上述字长较短的例子，你一定不认为这些东西能够保护重要机密吧。其实，现实中，并不使用字长较短的密钥，现在常用的密钥都在 128 位以上。

在此请注意观察字长和试解次数的关系。设字长为 n，则有效密钥的可能性（试解次数）为 2^n。每增加 1 位，试解次数就翻倍，也就是说这里包含了指数爆炸。

例如 512 位密钥的总数 = 2^{512}

= 13 407 807 929 942 597 099 574 024 998 205 846 127 479 365 820
592 393 377 723 561 443 721 764 030 073 546 976 801 874 298 166
903 427 690 031 858 186 486 050 853 753 882 811 946 569 946 433
649 006 084 096

这个密钥就很难用暴力破解法破解了。

密钥的字长只要增加 1 位试解次数就倍增。一般感觉 512 不算什么大数。然而在发生指数爆炸的情况下，512 却能生成惊人的数量。

假设构成宇宙的每一个基础粒子都是一台现代超级计算机。即便这些不计其数的超级计算机，从宇宙诞生开始一刻不停地试解密钥，试到现在也试不完 512 位密钥的所有情况。

不了解密码的人往往会想"不管 256 位还是 512 位，密钥的个数总归是有限的。因此，只要逐一试下来，总会破解的"。此话不错，但不现实。因为发生指数爆炸时，较小的数也能生成庞大的信息量，而这个信息量是人类的时间和能力所远远无法处理的。

如果只考虑是否可以破解，那么几乎所有的密码都是可以用暴力破解法来破解的。但是"可以破解"和"可以在现实时间内破解"是两回事。只要使用足够位数的密钥，在现实时间内就破解不了密码。[①]

如何处理指数爆炸

理解问题空间的大小

如果你遇到了难题，那么首先要理解问题描述的"空间"。该问题空间越大，就越难找到答案，就好比在凌乱的房间里找书。

首先要确认的是书确实在房间里吗？——要找的答案确实存在吗？

确定"在房间 A 或房间 B 中"后，如果房间 A 中找不到，就肯定在房间 B 中。这就是

---

① 密码破解中存在与密码算法相应的破解方法。这里只讨论暴力破解法。想学习密码学基础的读者，可以参考作者的《图解密码技术》一书。

逻辑思维。

然后，只要知道书"在书架上"，寻找过程就会变得更为简单。这一步缩小了要探索的问题空间。即并非一上来就四处搜寻，而是首先限定范围。

接着，如果书架中的书陈列有序，那么从头开始按顺序查找就能找到。"从头开始按顺序查找"不难，困难的是如何达到"从头开始顺序查找"这一状态。只要做到这一步，之后的事便可以交由机器人或计算机来执行了。

遇到任何问题，只要具备"判断是否已成功破解的方法"和"按顺序试解的步骤"就可以使用暴力破解法。人工智能的先驱马文·明斯基（Marvin Minsky）将其命名为"解迷原理"。

但有些问题即使知道后面仅需按顺序试解即可，却也难以解决。那些涉及指数爆炸的问题，很可能出现这种情况。

四种处理方法

对于涉及指数爆炸的问题，大体上有四种处理方法。

● 极力求解

第一种方法是"知道方法以后极力求解"。即增强计算机性能的方法。例如，使用超级计算机、并行计算机或更先进的计算机。

极力求解固然是重要的方法，但问题规模稍有扩大就应付不了了。这就变成了问题规模和计算机性能之间的赛跑。我们必须意识到这点。

● 变相求解

第二种方法是"转换成简单问题来求解"。即寻找更好的解法或算法，就像第 3 章的哥尼斯堡七桥问题和铺设草席问题那样，不去"一个不漏"地反复试验，而是找到更为巧妙的解法。

但遗憾的是，对于涉及指数爆炸的问题，并非总能找到比一个不漏地反复试验更好的方法。这是一项极具难度的工作。

更可悲的是，无论计算机如何进步，也总有解不了的问题。这些内容将在下一章中介绍。

● 近似求解

第三种方法是"不求完全解答，而是找出近似解"。这是通过估算或使用模拟器等求解的方法。得出的结果虽然在数学层面稍欠严密，但有助于实际应用。

●**概率求解**

第四种方法是"概率求解"。这是求解时使用随机数的方法。使用随机数，就好比使用掷骰子得到的数。有效利用该方法，或可在短时间内解决难题。但是这种方法无法把握解决问题所需时间，运气不好的话有可能永远找不到答案。"概率求解"听起来不靠谱，不过在实际运用中却是非常重要的方法。它被称为随机算法，目前有关研究正进行得如火如荼。

本章小结

本章介绍了指数爆炸。

与倍数游戏相似，仅反复翻倍几次数值就骤然增长，所以我们在解题时务必要注意问题中是否涉及指数爆炸。否则即使费力写出了程序，可能也得运行几千年才能得出结果。

另一方面，若将指数爆炸为我所用，它就能成为解决问题的有力武器。二分法查找就是利用了指数爆炸来对大量数据信息进行高速查找的算法。此外，利用对数能将乘法运算转换为加法运算，这也是利用了指数爆炸。指数爆炸在现代密码技术中也起到了关键性作用。

涉及指数爆炸的问题解决起来非常有难度。很多时候利用现代计算机技术也不能在现实时间内解决。即使配备高性能的计算机也不一定能解决涉及指数爆炸的问题。

随着科技的进步，计算机的性能越来越高，届时所有问题都能得到解决吗？答案是否定的。无论计算机如何进步，必定存在绝对无法解决的问题。下一章，我们就来探讨一下这种不能解决的问题。

◎ 课后对话

老师：假设世界人口总数为 100 亿，那么将所有人进行编号需要多少位二进制数？

学生：10 位有 1024 人……嗯，300 位左右吧？

老师：不，34 位就足够了。

学生：这就够了吗？

老师：即使给宇宙中所有的原子编号，也不需要 300 位哦！

第 **8** 章

不可解问题
——不可解的数、无法编写的程序

◎ 课前对话

老师：先假设可以迈出一条腿。然后假设无论何时，另一条腿都可以迈出。

学生：老师，用数学归纳法证明无穷数列的方法，在第 4 章已经说过了。

老师：不过，数学归纳法解决的只是可数无穷。

学生：无穷也分种类？

老师：没错！

本章学习内容

本章要对"不可解问题"进行思考。

在前述章节中，我们思考了如何解决大规模问题。计算机的发展日新月异，以致有人认为什么难题都能用计算机来解决。然而事实并未如此，因为还有一些"不可解问题"。

本章首先介绍基础知识"反证法"和"可数"的概念。然后，向大家展示"不可解问题"。最后，以"停机问题"为例，具体地讲解不可解问题。

本章会出现许多复杂的问题，因此其间安排了"师生对话"让大家轻松一下。

反证法

首先要介绍的是被称为"反证法"的论证方法。反证法会频繁地出现在本章内容之中，所以请仔细阅读这部分。

什么是反证法

所谓**反证法**，就是以下的论证方法。

1. 首先，假设"命题的否定形式"成立。

2. 根据假设进行论证，推导出矛盾[1]的结果。

一言以蔽之，反证法就是"**先假设命题的否定形式成立，然后再进行推理，引出矛盾**"

---

[1] 矛盾就是"命题 P 和它的否定形式 ¬P 都成立"。

的论证方法。因其最后推出荒谬的结果，所以有时也被称为**归谬法**。

反证法并不是直接证明命题，所以理解上会稍有难度。下面就先来看一个非常简单的反证法的例子。

◆ 思考题

为什么不存在"最大的整数"？

◆ 思考题答案

用反证法证明不存在最大的整数。

假设存在"最大的整数"，并将它设为 M。

那么 $M + 1$ 就比 M 大。这与 M 是最大的整数的假设相矛盾。

因此，不存在"最大的整数"。

● 回顾

通过论证我们马上就知道不存在"最大的整数"，这就是使用反证法进行思考的例子。这里要证明的命题是

不存在最大的整数

因此，反证法中要假设它的否定形式成立，即

存在最大的整数

然后，推导出与假设矛盾的结果。

在上例中，使用"最大的整数 M"来表示出"比 M 大的整数 $M + 1$"。既然能够表示出比 M 大的整数，那就说明"M 不是最大的整数"。

"M 是最大的整数"和"M 不是最大的整数"都成立，这就产生了矛盾。

这说明最初"存在最大的整数"的假设是错误的。最大的整数要么存在，要么不存在，只能是其中一种情况，因此证明了"不存在最大的整数"。

请注意反证法证明的过程：先假设命题的否定形式成立，然后再进行推理，引出矛盾。

质数思考题

我们再来看一道有名的思考题，以此来熟悉反证法。我们要证明的命题是"质数是无穷的"。

在此之前，先解释一下什么是质数。

质数是"只能被 1 和本身整除的大于 1 的整数"。

1 不是质数，因为质数必须大于 1。2 是质数，因为 2 只能被 1 和 2 整除。3 也是质数，因为 3 只能被 1 和 3 整除。而 4 不是质数，因为 4 除了能被 1 和 4 整除以外，也能被 2 整除。

将质数从小到大排列如下：

$$2, 3, 5, 7, 11, 13, 17, 19, 23, \cdots$$

我们发现 2 以外的质数都是奇数，这是因为偶数能被 2 整除，所以不属于质数。

而 3 以外的质数都不是 3 的倍数，因为 3 的倍数能被 3 整除，所以不属于质数。

通常，在比 n 小的整数中，如果存在能够整除 n 的质数，那么 n 就不是质数。再则，如果 n 不能被比 n 小的任何质数整除（即肯定有余数），那么 n 就是质数。

下面来看思考题。

◆ **思考题**

请证明质数是无穷的。

◆ **思考题答案**

用反证法证明质数是无穷的。

【首先假设要证明的命题的否定形式】

假设"质数不是无穷的"即"质数的个数是有限的"成立。

【然后根据该假设推导出矛盾的结果】

因为假设质数的个数是有限的，所以所有质数就可以表示如下。

$$2, 3, 5, 7, \cdots, P$$

【然后找出一个未包含在所有质数集合中的质数】

现在，将所有的质数（$2, 3, 5, 7, \cdots, P$）相乘，并设相乘的结果 +1 为 Q。

即

$$Q = \underbrace{2 \times 3 \times 5 \times 7 \times \cdots \times P}_{\text{所有质数的积}} + 1$$

因为假设质数是有限个的，所以这个 Q 的大小也是有限的。

而 Q 比所有质数相乘的结果大 1，因此 Q 比任何质数（$2, 3, 5, 7, \cdots, P$）都大。"Q 比任何质数都大"也就意味着"Q 不是质数"。

另一方面，这个 Q 除以 $2, 3, 5, 7, \cdots, P$ 中的任何一个数，余数都为 1（不能整除）。这就表明，Q 只能被 1 和 Q 本身整除[①]，所以根据质数的定义可得"Q 是质数"。

"Q 不是质数"和"Q 是质数"都成立，这是矛盾的。

【产生矛盾说明最初的假设"质数不是无穷的"是错误的】

因此，通过反证法证明了"质数是无穷的"[②]。

反证法的注意事项

反证法从"要证明的命题的否定形式"出发，即必须先假设错误的命题成立。但是，到引出矛盾结论为止的论证过程本身必须正确。之所以这么说是因为如果中途的论证出现错误，就不能得出"因为最初的假设错误，所以产生矛盾"的结论。

从错误的假设出发，还要想着推翻这个假设并进行正确的论证，这确实不太容易呀。

可数

接下来，我们来看看集合元素的"个数"。

什么是可数

"集合的元素是有限的，或者集合中的所有元素都与正整数一一对应"时，这个集合就被定义为**可数**（countable[③]）。

---

① 此处论证不严密。Q 除以 $2, 3, 5, 7, \cdots, P$ 中的任何一个数，余数都为 1，并不能说明"Q 只能被 1 和 Q 本身整除"，也有可能是"Q 可以被一个比 P 大比 Q 小的数整除"。——编者注

② "质数是无穷的"证明过程参考欧几里得（Euclid，公元前 363—275）的论证方法 [详见《哈代数论（第 6 版）》2.1 节（人民邮电出版社，2010 年 10 月）——编者注]。

③ countable 有时也作 enumerable。

简而言之，能像"第 1 个、第 2 个、第 3 个、第 4 个……"这样按顺序数元素的集合就是可数的。"可数"的词义就是"可以计数"。

如果集合的元素是有限的，那就可以数尽所有元素，这是我们对"可数"这一术语在感观上的认识。那么，无限个元素该如何"数"呢？

当然，如果元素是无限的，那么实际上也不可能全部数尽。这里所说的"可数"的意思是：**元素可按一定规律既无"遗漏"也无"重复"地数出来**。这种情况在集合的定义中表达为"与正整数一一对应"。

因为正整数是可以列出来的，所以"可数"可以理解为"元素可以一一列出"。

可数集合的例子

下面举几个可数集合的例子以帮助大家理解。

● **有限集合是可数的**

元素个数有限的集合，即有限集合都是可数的。这从"可数"的定义中可以知晓。

● **0 以上的所有偶数的集合是可数的**

0 以上的所有偶数的集合是可数的，因为可以像下面那样为 0 以上的所有偶数编号。

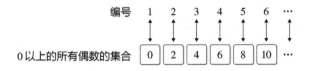

这里将偶数 $2 \times (k-1)$ 编为 k 号。

同样，如果将奇数 $2 \times k - 1$ 编为 k，则"1 以上的所有奇数的集合"也是可数的。

学生：老师，"大于 0 的偶数"和"1 以上的奇数"都是"1 以上的整数"的一部分。

老师：是的。

学生：整体和部分之间，能形成一一对应的关系吗？

老师：可以！这正是无限集合的特征。

● **所有整数的集合是可数的**

所有整数的集合（···, -3, -2, -1, 0, +1, +2, +3, ···）也是可数的。因为可以像下面那样为它们编号。

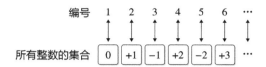

重点在于正数和负数的交互编号。将所有正整数都编完号之后再给负整数编号是行不通的，因为正整数是无穷的，无法完成编号。

● **所有有理数的集合是可数的**

像 $\frac{+1}{2}$ 和 $\frac{-3}{7}$ 这样，以如下分数形式表示的数称为**有理数**。

$$\frac{整数}{1以上的整数}$$

所有有理数的集合是可数的，因为可以给它们编号，如图 8-1 所示。

图 8-1　给所有有理数编号

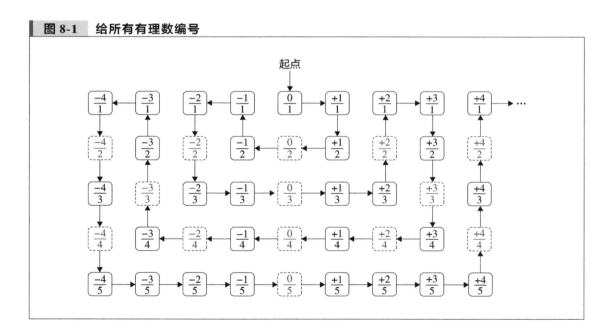

如此一来就能既不"遗漏"也不"重复"地给有理数按顺序编号。

接下来只要按 1, 2, 3, 4, · · · 的顺序编号，就能将 1 以上的整数和有理数一一对应起来。不过，得跳过重复出现的数（即图 8-1 中虚线框中的数）。

通过以上步骤，我们知道所有有理数的集合是可数的。

● **程序的集合是可数的**

程序的集合是可数的。现在，请将程序想作"符合编程语言语法的有限字符的排列"。程序是无穷的，但是程序的集合是可数的。原因在于，如果按下述方法操作，就能给程序编号。

例如，编写程序所用的字符种类有限，有以下这些。

```
a b c d e f g h i j k l m n o p q r s t u v w x y z
A B C D E F G H I J K L M N O P Q R S T U V W X Y Z
0 1 2 3 4 5 6 7 8 9
! " # % & ' ( ) * + , - . / : ; < = > ? [ ￥ ] ^ _ ` { | } ~
```

除此以外，还可使用换行符和空格。假设共有 N 种字符可用，我们想使用这 N 种字符排成字符串。

- 由 1 个字符组成的字符串共有 N 个
- 由 2 个字符组成的字符串共有 N^2 个
- ……
- 由 k 个字符组成的字符串共有 N^k 个
- ……

这样一来，由 N 种字符组成的字符串，可以按从短到长的顺序排列。字符数相同的字符串就可以按字母的顺序（字符编码的顺序）排列。实际上会出现很多不能构成程序的无意义字符串，把它们当作语法错误去除以后给剩下的程序编号。这样所有的程序就都有了对应的编号。因此，程序的集合是可数的。[①]

有没有不可数的集合

以上都是可数集合的例子。看到这里，可能有人不禁会想"所有集合都是可数的吧。"只要找到正确的规律，那似乎所有集合的全部元素都能与 1 以上的整数一一对应。而且就算自己找不到规律，可能数学天才也能找到……

不过，事实并非如此。不可数集合确实是存在的。

---

① 将程序想作 0 和 1 的位流、当作 2 进制数来看，也可得出程序的集合是可数的。

不可数集合是元素不能与 1 以上的整数（$1, 2, 3, \cdots$）一一对应的集合。无论采用什么对应规则，总会有"遗漏"的元素。

那么，什么样的集合是不可数的呢？请想象一下。

对角论证法

本节介绍不可数集合的例子，通过反证法证明集合是不可数的。

所有整数数列的集合是不可数的

现将"无穷个整数的排列"称为"整数数列"。例如"0 以上的整数数列"是整数数列的一种。

0 以上的整数数列　| 0 | 1 | 2 | 3 | 4 | 5 | $\cdots$

"0 以上的偶数数列"也是整数数列。

0 以上的偶数数列　| 0 | 2 | 4 | 6 | 8 | 10 | $\cdots$

"1 以上的奇数数列"也是整数数列。

1 以上的奇数数列　| 1 | 3 | 5 | 7 | 9 | 11 | $\cdots$

"第 6 章学过的斐波那契数列"也是整数数列。

斐波那契数列　| 0 | 1 | 1 | 2 | 3 | 5 | $\cdots$

整数数列不一定是逐项递增的。例如，以下由连续的相同整数组成的数列也是整数数列。

全 0 数列　| 0 | 0 | 0 | 0 | 0 | 0 | $\cdots$

还有，以下由圆周率各个数位上的数字排列而成的数列也是整数数列。

圆周率各位数组成的数列　| 3 | 1 | 4 | 1 | 5 | 9 | $\cdots$

这里只举了 6 个例子，然而整数数列有无穷个，即"所有整数数列的集合"是无穷集合。这个"整数数列的集合"是可数的吗？

事实上，"整数数列的集合"是不可数的。

我们先假设要给所有整数数列编号。例如，将"0 以上的整数数列"编为 1 号、将"0 以上的偶数数列"编为 2 号、将"1 以上的奇数数列"编为 3 号、将"斐波那契数列"编为 4 号……因为整数数列有无穷个，我们不可能为实际看到的所有整数数列都编上号，所以我们只考虑"给所有整数数列编号的规律"就行了。

然而，无论我们怎么找编号规律，总有遗漏在规律之外的整数数列存在。这就意味着"整数数列的集合是不可数的"。

◆ **思考题**

请证明"所有整数数列的集合"是不可数的。

◆ **提示**

现在是"反证法"大显身手的时候了。

前面说过，反证法是"先假设命题的否定形式成立，然后再进行推理，引出矛盾的结果"。现在要证明的命题是

所有整数数列的集合是不可数的

因此需假设其否定形式，即以下命题成立。

所有整数数列的集合是可数的

若假设"所有整数数列的集合是可数的"，就表明"能给所有的整数数列编号"。而"能给所有的整数数列编号"又意味着"所有的整数数列能按顺序排列"。因为是将所有的整数数列按顺序排列，所以可以构成一张无穷大的二维表。可以说是"所有整数数列的表格"。

接下来我们的目标就是要找出不包含在"所有整数数列表"中的整数数列。

◆ **思考题答案**

通过反证法证明"所有整数数列的集合是不可数的"。

首先，假设"所有整数数列的集合是可数的"。既然所有整数数列的集合是可数的，那

么无论哪个整数数列都可以编号。这样，就可以按图 8-2 所示画出"所有整数数列表"。编号为 k 的整数数列在表的第 k 行。

- 第 1 个整数数列在第 1 行
- 第 2 个整数数列在第 2 行
- 第 3 个整数数列在第 3 行
- ……
- 第 k 个整数数列在第 k 行
- ……

这是一个无穷大的表，实际上是写不完的，但是无论给出多大的 1 以上的整数 k，总能够做出延伸至 k 行的表。

【这个所说的"能够"，就是假设"所有整数数列的集合是可数的"的意思】

图 8-2　用对角论证法证明"所有整数的集合是不可数的"

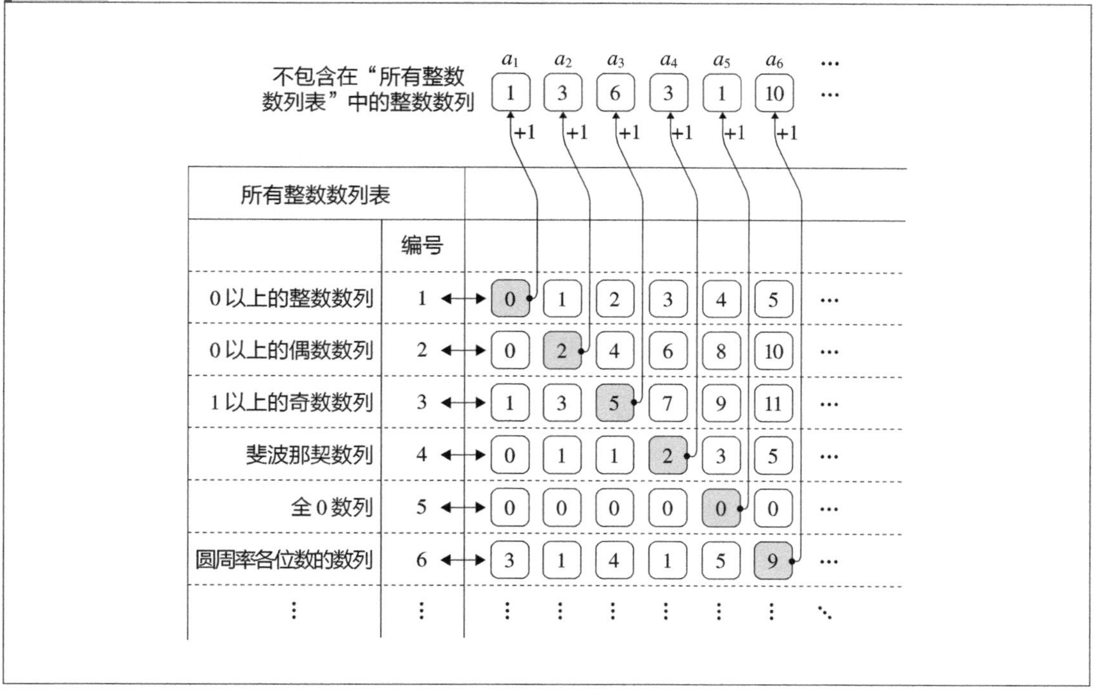

【目标是找出不包含在"所有整数数列表"中的整数数列，得出矛盾结果】

现在开始，按如下规则做出新的整数数列。

- 设第 1 个整数数列的第 1 个数 +1 所得的数为 a_1（图 8-2 的 1）
- 设第 2 个整数数列的第 2 个数 +1 所得的数为 a_2（图 8-2 的 3）
- 设第 3 个整数数列的第 3 个数 +1 所得的数为 a_3（图 8-2 的 6）
- ……
- 设第 k 个整数数列的第 k 个数 +1 所得的数为 a_k
- ……

这样就构成了 $a_1, a_2, a_3, \cdots, a_k, \cdots$（图 8-2 中的 1, 3, 6, 3, 1, 10, $\cdots$）。

$a_1, a_2, a_3, \cdots$ 是整数数列，但不包含在"所有整数数列表"中。这是为什么呢？请从 a_1, $a_2, a_3, \cdots$ 的组成来看，它与"所有整数数列表"中的任一整数数列相比，至少有 1 处不同。

"所有整数数列表"应该包含所有整数数列，却没有包含数列 $a_1, a_2, a_3, \cdots$，这是矛盾的。

因此，通过反证法证明了"所有整数数列的集合是不可数的"。

● 思考一下

实际上，即使限制得比"所有整数数列的集合"更严格，也能够找出不可数的集合。例如，只使用 0 到 9 的数字构成的整数数列也是不可数的。甚至于只使用 0 和 1 构成的整数数列也是不可数的。原因在于，做出上述证明所用的表并选出表中对角线所在的数字，只要不与这些数相同，就能找出不包含在表中的整数数列。

在上述证明中，为了找出不包含在表中的数而选出了表中对角线所在的数字。这种论证法称为**对角论证法**。对角论证法是康托尔（Georg Cantor，1845—1918）提出的。

学生：嗯，确实 $a_1, a_2, a_3, \cdots$ 不包含在"所有整数数列表"中呢！

老师：是的。

学生：将 $a_1, a_2, a_3, \cdots$ 补充到表中，再做一版"所有整数数列表"不就可以了吗？

老师：不行，如果再对这个新表进行对角论证法会怎么样呢？

学生：啊！又能新构成一个不包含在表中的整数数列……

老师：对，所以肯定会存在"遗漏"。

学生：那么做出"所有整数数列表"这一说法，显然不正确啊！

老师：所以说"做不出这样的表"就意味着"不可数"。

所有实数的集合是不可数的

所有实数的集合也是不可数的。即实数无论怎么数都有遗漏,是"无法计数的数"。

不用说所有实数,就是 0 以上 1 以下范围内的实数也是不可数的。这是为什么呢?因为用"0"开头的数列做成表格,再改变一下对角线上的数字,就能做出表中没有的实数。图 8-3 中,对角线上的数若是 0 就改为 1,若是 0 以外的数就改为 0(变换数字的方法,不必和文中一样)。

图 8-3 使用对角论证法证明"所有实数的集合是不可数的"

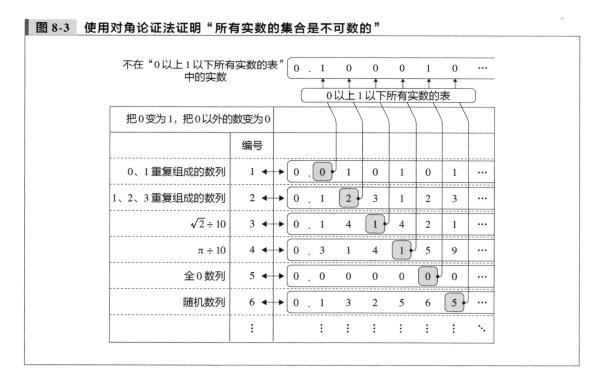

学生: 老师,我有个问题。

老师: 什么问题?

学生: 有理数也可以用小数来表示吧!

老师: 是的。

学生: 那么,使用对角论证法能证明"所有有理数都是不可数的"吗?

老师: 不能。

学生：但是，同样取对角线上的数字，可以做成表中没有的有理数啊。

老师：确实可以作成"小数"，但是不能保证这个小数肯定是"有理数"。

学生：欸？

老师：用小数来表示有理数，会变成循环小数。

学生：就像 0.500 00···, 0.111 111···, 0.142 857 142 857··· 这样的吧？

老师：嗯，不过，现在新做成的小数也不一定就是循环小数。

所有函数的集合也是不可数的

所有函数的集合也是不可数的。不用说所有函数，就连"只要输入 1 以上的整数就输出一个整数"这么简单的函数也是不可数的。因为该函数的集合，与刚才被证明为不可数的"所有整数数列集合"有着一一对应的关系。

例如，"给定整数加 1 的函数"对应整数数列 2, 3, 4, 5, ···。

而"将给定整数平方的函数"对应整数数列 1, 4, 9, 16, 25, ···。

还有"若给定整数是质数，则为 1；若给定整数不是质数，则为 0 的函数"对应整数数列 0, 1, 1, 0, 1, 0, 1, 0, 0, ···。

一般而言，可以将下列函数

- 输入 1 时，输出 a_1
- 输入 2 时，输出 a_2
- 输入 3 时，输出 a_3
- 输入 4 时，输出 a_4
- ······
- 输入 k 时，输出 a_k
- ······

和整数数列

$a_1, a_2, a_3, a_4, \cdots$

一一对应起来。

学生：可数的问题到这里算是明白了，真把我给累坏了。

老师: 哎呀, 这就累了?

学生: 我们还要做什么来着?

老师: 要处理无穷集合的元素 "个数"。

学生: 无穷集合的元素 "个数" 啊……

老师: 一般考虑 "个数" 时都以 "数得完" 为前提。

学生: 是啊, 数不完就不知道有多少个啊。

老师: 有穷集合的话, 这样是可以的……

学生: 无穷集合就棘手了吧?

老师: 无穷集合不像有穷集合那样 "数得完"。

学生: 确实是, 它的元素有无穷个。

老师: 因此我们不要像有穷集合那样去数完它。

学生: 不去数?

老师: 对, 我们要将它和其他集合一一对应起来。

学生: 嗯, 嗯!

老师: 把两个集合一一对应时, 要规定这两个集合的 "个数" 都相同。

学生: 原来如此!

老师: 这就是处理无穷 "个数" 的方法。我们不应该说是个数, 而应该说基数。

学生: 那么, 和 1 以上的整数的集合相同, "个数" 的集合就是可数的了?

老师: 是的。

学生: 将 "数完" 替换为一一对应对吧?

老师: 没错, 因为一一对应是既无 "遗漏" 也无 "重复" 的对应。

不可解问题

前面我们学习了反证法和可数集合, 现在终于该向大家展示 "不可解问题" 了。

什么是不可解问题

不可解问题是比我们想象中更难的概念, 必须谨慎处理。

所谓不可解问题, 并非 "花大量时间求解的问题", 也不是 "本来就无解的问题", 更不是"目前谁都不知道解法的未解决的问题"。

不可解问题是"<u>原则上</u>不能用程序来解决的问题"。也可以说是"不包含在'程序可解决问题的集合'中的问题"。没人能写出解决不可解问题的程序。它就是如此不可思议！

为了更通俗易懂，我们将"编写解决问题的程序"范围缩小，想作"编写一个程序，当输入 1 以上的整数时，让其输出一个整数"。

"输入 1 以上的整数 n 时，输出 $n+1$ 这一函数"可以写成程序吗？可以！这非常简单。熟悉编程的人三下五除二就能写出来。

"输入 1 以上的整数 n，若 n 为质数，则输出 1；否则，输出 0"可以写成程序吗？可以！只要判断大于 1 小于 n 的数中，有没有能整除 n 的数就行了。这是质数判断函数。

"输入 1 以上的整数 n，若满足 $2 \times n = 1$，则输出 1；否则，输出 0"可以写成程序吗？可以！无论给出什么整数 n，都不能满足 $2 \times n = 1$。因此，只要写出给出任一整数 n 都输出 0 的程序就行了。

以上都是"可以写成程序的函数"。

那么不可解问题，即"不能写成程序的函数"存在吗？这指的不是目前尚不明确是否能写，而是指肯定有还是肯定没有"不能写成程序"的函数。答案是，**不能写成程序的函数是存在的**。下一节将会对它进行说明。

存在不可解问题

前面讲过"输入 1 以上的整数时，输出一个整数的函数"的集合是不可数的。即，不能给所有"输入 1 以上的整数时，输出一个整数的函数"编号。

而我们还通过前述内容了解到所有程序的集合是可数的。即，可以给所有程序编上 $1, 2, 3, 4, \cdots$。

"不可数集合"和"可数集合"之间不能形成一一对应关系。为什么呢？因为若这两个集合之间可以形成一一对应关系，那么不可数集合就能用 $1, 2, 3, \cdots$ 来编号了。

因此，在"输入 1 以上的整数就输出一个整数的函数"中，存在无法用程序表达的函数。

学生：也就是说函数的"个数"比程序的"个数"还要多吧？

老师：对！

学生：我们知道程序的集合是可数的，因为程序是由有限种字符排列而成的。然而函数不也是一样吗？如果用文字来表达"这是个什么样的函数？"，就相当于有限种字符的排列了吧。

老师：没错！不过有的函数"不能用文字确切地表达"。

学生：啊！在考虑计算机的能力之前，得先清楚有些函数"不能用文字表达"啊……

老师：而且必须严谨地定义"确切"和"文字表达"这两个概念。

思考题 ①

注意：在阅读以下思考题前，请完全理解上述内容，没有理解透彻的读者可以跳过本题直接看"停机问题"。

◆ 思考题

请找出以下"证明"中错误的地方。

下面要用反证法证明"所有能用程序生成的整数数列的集合"是不可数的。

假设"所有能用程序生成的整数数列的集合"是可数的。那么，就能做出"所有能用程序生成的整数数列表"。然而使用对角论证法，又能做出表中没有的整数数列。该表是"所有能用程序生成的整数数列的表"，但却有不包含在其中的整数数列，这就产生了矛盾。因此"所有能用程序生成的整数数列的集合"是不可数的。

◆ 思考题答案

对角论证法的用法不对。确实，使用对角论证法可以做出一个整数数列，使其不包含在"所有能用程序生成的整数数列表"中。但是，并不能保证这个整数数列就是"能用程序生成的整数数列"（这个逻辑推理和"所有实数的集合是不可数的"一节中的师生对话相同）。

实际上，"所有程序的集合"是可数的，因此"所有能用程序生成的整数数列的集合"也是可数的。

---

① 本题摘自图灵（Alan Turing，1912—1954）的论文 *On computable numbers, with an application to the Entscheidungsproblem* 中的 "Application of the diagonal process"。

停机问题

本节不仅要展示"不可解问题"的确存在,而且要给大家举出详细的例子。下面的"停机问题"就是不可解问题的一例,我将逐一展开说明。

停机

下图是一个"输入数据就会输出结果"的程序。[①]

程序一般会像上图那样输出结果,不过有时也会出现下图那种永不结束运行、不输出结果的情况。

程序的行为必是以下两者之一。

- 在有限时间内结束运行
- 在有限时间内不结束运行(永不结束运行)

这里所说的"有限时间",是 1 秒还是 100 亿年都无所谓。无论耗时多长,只要有终止之时就可以称之为"在有限时间内结束运行"。有时如果输入不当,程序就会报错并结束运行,我们也将这种情况归类于"在有限时间内结束运行"。

"永不结束运行"的程序不会输出结果。若在无限循环中编写了输出指令,那么会重复地输出信息,但却永远都不会输出"最终结果"。

永不结束运行的程序虽然比较麻烦,但是很容易就能写出来。例如,程序中包含以下

---

① 上一节中为简单起见,用整数进行说明。本节中为了让大家更形象地理解说明对象,用"数据""结果"来表述。

代码。

```
while (1 > 0) {

}
```

这时 1 > 0 恒成立，该循环永不结束，程序会一直运行下去。这就是所谓的**无限循环**。如果程序在运行时遇到**无限循环**，就会一直结束不了。

程序是否会陷入无限循环，有时跟输入的数据有关。例如，如下包含变量 x 的代码。

```
while (x > 0) {

}
```

这段代码在变量 x 大于 0 时会陷入无限循环，而在变量 x 小于 0 时不会陷入无限循环。由此可知，在判断程序是否会结束时，除了程序代码还要考量输入的数据。

处理程序的程序

接着介绍"处理程序的程序"。程序说白了就是计算机存储设备上的数据，因此处理程序的程序也没什么特别的。

例如，"编译器"（compiler）就是读取人类能读懂的程序（源代码），再将它转换成方便计算机运行的机器语言（目标代码）的程序。即编译器是转换程序的程序。

还有，像"源代码检查器"（source code checker），它能读取程序源代码，然后告诉你有关程序的建议，如哪里使用了不正确的指令，哪里会陷入无限循环，哪些指令肯定无法得到运行等。

另外"调试器"（debugger）也是程序。它能暂停运行中的程序，也能重新运行程序，还能告诉你程序运行中的状态，你也可以通过它来查看和调试程序。

以上处理程序的程序都是程序员的常用工具。

什么是停机问题

本节就来解释一下停机问题。停机问题（halting problem）就是判断**"某程序在给定数据下，是否会在有限时间内结束运行"**的问题。

如果能事先判断以下情况编程会方便很多，但是这对人类来说很难做到。

- 该程序会在有限时间内结束运行
- 该程序永不结束运行

要是程序能自动判断就好了。下面我们来思考能不能写出"判断程序是否会结束运行的程序"。

方便起见，我们为这个判断程序取名为 **HaltChecker**。首先需要给 HaltChecker 提供可输入的程序和数据（图 8-4）。

图 8-4 **HaltChecker 的两个判断**

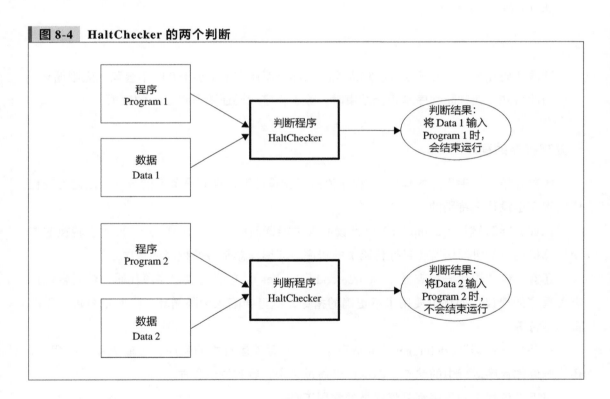

要写出 HaltChecker 似乎很有难度。HaltChecker 必须准确判断给定的程序会如何运行，还可能需要根据给定的数据模拟程序的运行。

而且，**HaltChecker 自身必须要在有限时间内结束运行**。即使耗时很长也无妨，关键是必须在有限时间内结束运行并输出判断结果。如果永不结束运行，那么它就不具备作为判断程序的资格。

因此，判断程序 HaltChecker，不能通过**实际运行**对象程序来进行判断。因为如果对象程序永不结束，那么判断程序自身也就永远得不出判断结果。

实际上，通过后面的证明我们就会知道，这种 HaltChecker 原则上是不可能写出来的。**判断程序是否停机的 HaltChecker，绝对是任何人都无法写出来的。**

既然谁都编写不出"判断程序停机的程序"，那么这个"停机问题"就是"不可解问题"之一。

> 学生：我不能理解。我们就是要阅读程序源代码，判断是否会陷入无限循环，但结果却无法判断……
>
> 老师：对于个别程序和数据的组合，有时是可以判断能否结束运行的。但却做不到给定任意程序和数据，都可以判断能否结束运行。根本写不出这种具有普遍性的程序。

停机问题的证明

以下通过反证法证明能普遍解决停机问题的程序不存在。

1. 假设可以写出判断程序 HaltChecker

【假设要证明的命题的否定形式成立】

假设可以写出判断程序 HaltChecker。将程序 p 和数据 d 输入 HaltChecker 程序时的结果以函数形式记作

```
HaltChecker(p, d)
```

判断结果可以表示如下。

$$
HaltChecker(p, d) = \begin{cases} true & （将 d 输入 p 时，p 会在有限时间内结束运行） \\ false & （将 d 输入 p 时，p 不会在有限时间内结束运行） \end{cases}
$$

2. 写出 SelfLoop 程序

根据 HaltChecker，写出如下 SelfLoop 函数。

```
SelfLoop(p)
{
    halts = HaltChecker(p, p);
    if (halts)  {
        while (1 > 0) {
        }
    }
}
```

SelfLoop 会用给定的程序 p 来判断 HaltChecker(p, p) 的结果（halts）。如果结果为 true，那么 SelfLoop 就会陷入无限循环。**这里请注意输入到 HaltChecker 中的两个参数都是 p**。

即 SelfLoop 运行如下。

· 使用 HaltChecker，判断"对于程序 p，将程序 p 本身作为数据输入时会不会结束运行"
· 如果判断结果是会结束运行，那么 SelfLoop 就会陷入无限循环
· 如果判断结果是不会结束运行，那么 SelfLoop 就会马上结束运行

SelfLoop 程序正好是相反的！如果存在 HaltChecker，那么写出 SelfLoop 并不困难。另外，将任意程序输入 SelfLoop，结果要么是陷入无限循环，要么是能在有限时间内结束运行。现假设有 ProgramA 和 ProgramB 两个程序，如下所示。

· 将 ProgramA 自身作为数据传入 ProgramA 时，程序结束运行
· 将 ProgramB 自身作为数据传入 ProgramB 时，程序永不结束运行

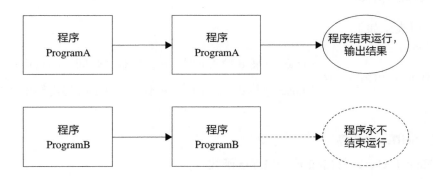

那么，刚才的 SelfLoop 就会出现如下情况。

· 将 ProgramA 传入 SelfLoop，会陷入无限循环，程序永不结束运行

·将 ProgramB 传入 SelfLoop，程序结束运行

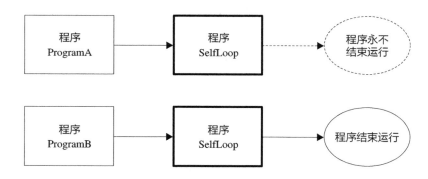

3. 推导出矛盾

【这里开始要推导出矛盾】

终于要进入最精彩的阶段了。这里，将 SelfLoop 自身传入 SelfLoop 中。即判断 SelfLoop (SelfLoop) 的运行情况。

(1) SelfLoop(SelfLoop) 会在有限时间内结束运行

"SelfLoop(SelfLoop) 会在有限时间内结束运行的情况"就是 HaltChecker(SelfLoop，SelfLoop) 为 false 的情况。而 HaltChecker(SelfLoop，SelfLoop) 为 false 的意思是"如果将 SelfLoop 传入 SelfLoop，SelfLoop 就不会结束运行"。

我们考虑的是"SelfLoop(SelfLoop) 会在有限时间内结束运行的情况"，然而得出的结论却是"如果将 SelfLoop 传入 SelfLoop，则程序不会结束运行"，这是矛盾的。

(2) SelfLoop(SelfLoop) 陷入无限循环

"SelfLoop(SelfLoop) 陷入无限循环的情况"就是 HaltChecker(SelfLoop，SelfLoop) 为 true 的情况。而 HaltChecker(SelfLoop，SelfLoop) 为 true 的意思是"如果将 SelfLoop 传入 SelfLoop，程序会结束运行"。

我们考虑的是"SelfLoop(SelfLoop) 陷入无限循环的情况"，然而得出的结论却是"如果将 SelfLoop 传入 SelfLoop，程序会结束运行"，这又是矛盾的。

(1) 和 (2) 都是矛盾的。

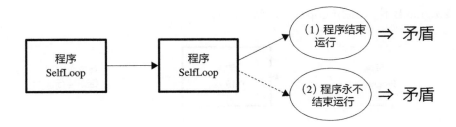

这就说明如果假设"能写出 HaltChecker",就必然产生矛盾。

由此,通过反证法证明了无法编写出 HaltChecker 这样的程序。

停机问题是不可解的。这已由图灵在 1936 年证明出来了。

写给尚未理解的读者

"怎么感觉有点投机取巧呢?还是不能理解。"

对于有以上想法的读者,我来"感性地讲解"为什么无法写出 HaltChecker。若假设 HaltChecker 是存在的,则可以解决许多尚未解决的问题。

首先,假设已经写出了以下 FermatChecker 程序。

```
FermatChecker(k)
{
    while (k > 0) {
        <随意选择几个整数 x, y, z, n, 其中 x, y, z ≠ 0, n > 2>
        if (<xⁿ + yⁿ = zⁿ>) {
            <输出 x, y, z, n 后结束程序>
        }
    }
}
```

判断 HaltChecker(FermatChecker, 1) 的结果。如果结果为 true,那么 FermatChecker(1) 会在有限时间内结束运行。如果结果为 false,那么 FermatChecker(1) 不会在有限时间内结束运行。

这里提一下,"当整数 $n > 2$ 时,关于 x, y, z 的不定方程 $x^n + y^n = z^n$ 无正整数解。"就是著名的**费马大定理**(Fermat's last theorem)。如果 HaltChecker(FermatChecker, 1) 返回 true,

那么费马大定理就存在反例；如果返回 false，那么就不存在反例。1994 年怀尔斯（Andrew Wiles，1953—　）完全证明了费马大定理。也就是说能通过 HaltChecker 判断之前 358 年中无人能证明的极难定理的真假。

可以通过 HaltChecker 进行判断的不仅限于费马大定理。让我们用它来判断一下现代数学也未解决的问题之一"任一大于 2 的偶数都可写成两个质数之和"（**哥德巴赫猜想**）吧。

现在写一个叫 GoldChecker 的程序，输入参数为 4。GoldChecker 的参数 n 按 $4, 6, 8, 10, 12, \cdots$ 递增，每递增 1 次都要对 n 是否能写成两个质数之和进行判断。该判断可以通过尝试所有比 n 小的质数进行，这并不难。如果找到不能写成两个质数之和的 n，那就输出 n，程序结束运行。

```
GoldChecker(n)
{
    while (n > 0) {
        <判断n是否能写成两个质数之和>
        if (<不能写成两个质数之和>) {
            <输出n后结束程序>
        }
        n = n + 2;
    }
}
```

写出上面的 GoldChecker 本身并不难。

现在调用 HaltChecker(GoldChecker, 4)，结果会怎么样呢？如果结果为 true，那就意味着"将 4 输入 GoldChecker，在有限时间内程序会结束运行"，即存在不能写成两个质数之和的 n。这就否定了哥德巴赫猜想。

而如果结果为 false，那就表明"将 4 输入 GoldChecker，在有限时间内程序不会结束运行"，由此可得哥德巴赫猜想是正确的。

除了"费马大定理"和"哥德巴赫猜想"以外，"现代数学虽没解决，但可通过反复试验求解的问题"都必能通过 HaltChecker 来判定。即，如果存在 HaltChecker，就能解决许多尚未解决的问题。[①]

以上内容并不是证明，而是"感性地讲解"写出 HaltChecker 是不可能的。

---

① 严格来说，HaltChecker 只判断有没有解，并不显示有解时的解是什么。

不可解问题有很多

我们介绍了不可解问题的例子——"停机问题"。

在上述证明中，使用了 C 语言式的代码，但停机问题并不依赖于特定的编程语言。解决停机问题的程序"无论用什么语言都写不出来"。

另外，不可解问题并不仅仅是"程序的停机问题"。实际上，判断程序运行的许多问题都是不可解问题。例如，可以使用停机问题的证明方法证明下面几个问题是不可解的。

- 给定任意两个程序，判断"无论输入什么，程序动作是否都相同"
- 给定任意程序，判断"能否判断输入的整数是质数"
- 给定任意程序，判断"无论输入什么，是否都输出 1"
- 给定任意程序，在 T 时间内判断"在一定时间 T 内，程序能否结束运行"

程序是否存在语法错误等问题，可以通过程序来解决。但是程序无法解决停机问题那种判断任意程序动作的问题。

我们可以用计算机来解决很多问题。但是，无论计算机如何发展，都存在本质上无法解决的问题。

本章小结

本章学习了不可解问题。作为基础知识，我们也学习了"反证法"和可数集合。虽然可以编写无穷个程序，但是这个无穷终究是可数的无穷，编写程序并不能达到比可数无穷"更多的"无穷。

◎ 课后对话

学生：嗯……存在编程解决不了的问题，那就是说计算机的功能有限吧？换作人类的话，就能超越这种极限吧。

老师：不能单纯地这样认为。如果能将人类的能力形式化，那么通过相同的论证法，就能证明存在人类也解不出的问题。

学生：将人类的能力形式化是根本做不到的吧！

老师：如果这样的话，就无法展开逻辑的讨论，因此既不能证明人类的能力，也不能反证它。

学生：这是什么意思呢？

老师：意思就是这个问题不属于数学讨论的范畴。

CHAPTER 9

第 **9** 章

什么是程序员的数学
——总结篇

◎ **课前对话**

学生：老师，问题是解决了，但我不能很好地把它讲出来。

老师：那是因为没抓住问题的关键。

本章学习内容

通过本书，我们进行了一次小小的旅行。在即将合上本书之际，我们来回顾一下这段旅途吧。我们走过了错综复杂的道路，就在这里好好整理一下。

● **"0"——做出简单规则**

$$0$$

第 1 章，我们对 "0" 进行了思考。0 明确表现了 "无即是有"。换言之，就是不对 "无" 进行特别处理。

引入 0 以后，更容易简化规则。如果找出具有一致性的简单的规则，则便于机械式处理，让计算机来解决问题。

● **"逻辑"——两个世界**

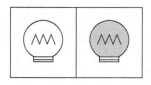

第 2 章，我们学习了 "逻辑"。逻辑基本上被分为 true 和 false 两个世界。解决问题时，并不是眉毛胡子一把抓，而应该根据某条件分为 "条件成立" 和 "条件不成立" 两种情况来解决。

逻辑同时也是消除自然语言歧义的工具。为了更好地解决复杂逻辑问题，我们学习了逻辑表达式、真值表、文氏图和卡诺图等工具。

● **"余数"——分组**

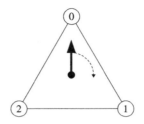

第 3 章，我们通过思考题学习了"余数"。对于有无数个对象的问题，只要发现其规律，就能使用余数将其简化为对象个数较少的问题。

有效利用余数，能将分散的事物同等看待并加以分类。通过"余数"进行分组之后，本来需要反复试验的问题也能轻松解决。此外我们还学习了奇偶性。

● **"数学归纳法"——通过 2 个步骤挑战无穷**

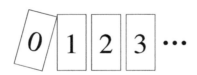

第 4 章，我们学习了"数学归纳法"。数学归纳法只需要通过基底和归纳 2 个步骤，就能进行有关无穷的证明。

数学归纳法的基础是以 $0, 1, 2, 3, \cdots, n$ 的循环来解决问题。这如同将大问题分解为 n 个同类同规模的小问题。如果能这样分解问题，就能依次机械式地解答。

● **"排列组合"关键在于认清问题的性质**

第 5 章，我们学习了"排列组合"等计数原理。对于多得无法直接计数的庞大数据，先缩小规模找出问题的本质，再将其抽象化，就能得到答案。

我们不要光摆弄数字，认清计数对象的性质和结构是要点。不应死记硬背公式，应更关注组合逻辑上的意义。

● "递归"——在自己中找出自己

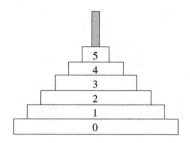

第 6 章我们学习了"递归"。递归也是分解问题的方法，但不是分解成同类同规模的问题，而是分解成同类不同规模的问题。

在面对复杂的问题时，先观察它的内部是否含有相同结构的小规模问题。如果正确地找到了递归结构，就可以使用递推公式抓住问题的本质。

● "指数爆炸"……

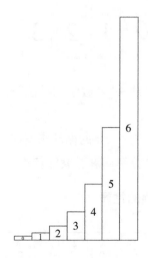

第 7 章介绍了很难处理的"指数爆炸"。包含指数爆炸的问题，规模稍一扩大，就会变得棘手。

但是相反，若能有效利用指数爆炸，就能将复杂的问题简化。

● "不可解问题"——展示了原理上的界限

1	0	0	0	0	0	0	0
1	2	1	1	1	1	1	1
2	2	3	2	2	2	2	2
3	3	3	4	3	3	3	3
4	4	4	4	5	4	4	4
5	5	5	5	5	6	5	5
6	6	6	6	6	6	7	6
7	7	7	7	7	7	7	8

在第 8 章中，我们学习了反证法、可数的概念、不可解问题以及停机问题。

我们能用计算机来解决的问题是无穷的。但是，这个无穷也只是可数的。所有问题的集合是比可数更多的无穷，那里有我们无法企及的世界。

何为解决问题

认清模式，进行抽象化

本书从各种角度对"解决问题"进行了思考。

在解答思考题时，我们经常会使用"先用较小的数试算"的方法。用较小的数进行尝试，可以发现规律、性质、结构、循环、一致性等，认清隐含在问题中的模式。否则，即使解决了问题，也只是一知半解。

另外，我们还尝试了"对目前得到的结果进行抽象化"。通过抽象化，可以将结论运用到当前问题以外的其他问题中。如果问题的解法只能够运用于当前问题，那么这个解法就名不副实。只有同样能够运用于其他类似问题的方法，才能称为解法。

由不擅长催生出的智慧

回顾本书，脑海中会浮现出"人类不擅长某事"的印象，而正是这些"不擅长"，催生出了各种闪耀的智慧。

人类不擅长处理庞大的数字，因此在计数法上下了很多功夫。罗马数字中，用其他字符来表示数的单元。按位计数法中，通过数字的位置表示数的大小，这就能比罗马数字表示出更大的数。在处理更庞大的数时，还可使用 10^n 这种指数表示法。

人类不擅长毫无差错地进行复杂判断，因此逻辑就诞生了。从此可以通过逻辑表达式进行推论，也可以通过卡诺图解决复杂逻辑。

人类不擅长管理大量事物，因此进行了分组。将同一组的事物视为同类事物，管理起来就会方便许多。

人类不擅长处理无穷，因此通过有限的步骤处理无穷。

……诸如此类，人类运用智慧，悉心钻研，不断地挑战问题。想方设法缩小问题规模，降低复杂度，使问题达到"可以机械式地解决"的状态。

只要达到这个状态，就能将接力棒传至下一位赛跑运动员——计算机。

你有不擅长的地方吗？那里或许会让你产生新的智慧、找到新的窍门呢！

幻想法则

下面来谈谈我自己命名的问题解决法——幻想法则。"幻想"意为穿梭于另一个世界，而幻想法则就是通过穿梭于另一个世界来有效解决问题的法则。

【幻想法则】

如果有"现实世界"解决不了的问题……

(1) 将问题从"现实世界"带到"幻想世界"。

(2) 然后在"幻想世界"解决问题。

(3) 最后，将答案带回"现实世界"。

该法则用图形表示的话则如图 9-1 所示。

图 9-1　幻想法则

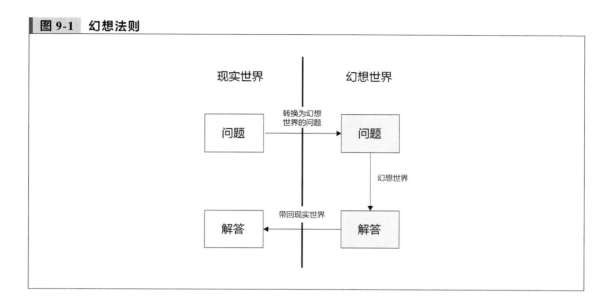

也可以称之为高速公路法则。

【高速公路法则】

如果要去很远的地方……

(1) 开车上高速公路。

(2) 高速开往离目的地较近的出入口。

(3) 驶下高速公路，前往目的地。

"高速公路法则"或许更容易理解，而"幻想法则"则显得更有趣一些，不是吗？实际上，本书中频繁出现了"幻想法则"。有没有发现书中到处都有类似图 9-1 的图呢？

程序员的数学

在一般的编程中，程序员通常不需要掌握很深奥的数学知识。不过，认清并简化问题结构，总结出具有一致性的规则等，对于程序员来说是家常便饭。

不要觉得"不擅长数学"就漠然处之，而要想到"数学妙趣横生，要多加运用"，给每天的编程都注入数学的思维方式。

通过本书，若能使你从看似平淡无味的数学中，体会到些许美妙和乐趣，那对于我来说就是无上的喜悦。

最后，衷心感谢你阅读本书！

◎ 课后对话

学生：老师辛苦了。总算都看完了。

老师：是呀！

学生：我发现这本书中有不少相同的话题被反复提及。

老师：嗯，没错。

学生：像"遗漏"和"重复"、尝试较小的数、认清结构、幻想法则等。

老师：还有抽象化呢。

学生：是啊！看似分散的章节，居然全部联系得起来。

老师：你或许已经发现书中隐含的模式了吧。

学生：啊，原来如此！感觉求知欲更强了。谢谢老师。

老师：也谢谢你认真听讲！

附录

迈向机器学习的第一步

◎ 课前对话

学生：收集了这么多数据，就差程序了。如果能写出好的程序就完美了！

老师：所谓好的程序是指什么？

学生：就是程序员想办法把……

老师：只有程序员想办法可不够，数据本身的作用也得充分发挥出来。

学生：数据……也能帮上什么忙吗？

本附录学习内容

本附录将带你迈出向机器学习进发的第一步。

机器学习主要用于解决以下类型的问题。

- 以大量数据为基础，预测结果
- 对大量数据进行识别和分类

最关键的一点是，预测或分类的具体方法并不是由程序员事先设定的，而是由计算机从大量数据中自动提取特征，从而解决问题。

作为"迈向机器学习的第一步"，这里我们会依次来了解下面这些知识点。

- 什么是机器学习
- 预测问题与分类问题
- 感知器 [1]
- 机器学习中的"学习"
- 神经网络
- 人类就这样没用了吗

机器学习涉及的内容很广，短短的几十页附录不可能囊括全部内容。在这里只能帮助大家迈出"第一步"，还请见谅。

进入正题之前，我要说明一下算式的使用。本书从第 1 章到第 9 章，一直没怎么用到

---

[1] 有时也称为感知机。——译者注

算式。但从本附录开始，算式就要陆续登场了。对后文中出现的算式，我会用易懂的语言具体说明，所以请大家不要跳过哟！让大家熟悉算式的用法，也是本附录的目的之一。

什么是机器学习

受到广泛关注的机器学习技术

近年，**机器学习**备受关注。伴随人工智能、深度学习等关键词，机器学习一词也频繁出现在各种媒体上。人工智能这个词的含义比较广泛，机器学习是实现人工智能的一种基本技术手段，而深度学习是机器学习技术的一种。

随着机器学习技术的进步，在一些通常被认为是人类比较拿手而计算机不太擅长的领域，计算机也慢慢占据了一席之地。说到机器学习的应用，图像识别就是其一，在各种各样的应用场景中都能派上用场。例如，把手写的文字识别成文本、提取图片中的人物面部区域、在众多图片中分辨出含有特定人物的图片，等等。如果程序只通过虫子的图片就能判断出它是否是害虫，那将会产生多么大的价值啊！再比如，自动识别街道路况的功能，在机动车的自动驾驶技术中也派得上用场。

由机器学习技术实现的图像识别，其识别能力确实已经开始超过人类，因此机器学习今后也会受到越来越多的关注。

机器学习是随着时代发展诞生的技术

机器学习之所以能够得到发展，有以下几个技术上的原因。

首先是**输入资源**。机器学习的前提是有大量数据。现代互联网社会，我们很方便就能得到大量计算机可以直接处理的数据，而且这些在计算机中存储的数据处理起来也比较方便。另外，能够存储大量数据的存储设备也越来越便宜。

其次，计算机的**信息处理能力**变得更强大了。计算机的运算速度变快只是其中一个方面，更重要的是，机器学习中经常需要用到的向量和矩阵的计算，是可以并行处理的。也就是说，只要在设备上有足够的投入，处理性能就能得到提升。

最后，机器学习的**输出结果**能够应用于多种多样的场景中。比如，我们日常生活中常见的"购物推荐功能"就是其中之一，也就是"购买此商品的顾客还购买了某某"之类的销售推广。

前文提到的图像识别技术作为机器学习的应用广为人知。图像识别中的"模式分类"技术，可以用来判断图片中的对象是不是人类，还可以用来判断图片中的蚂蚁是不是红火蚁[①]，等等。"目标检测"技术可以用来检测图像中到底有多少人、街景图像中汽车有几辆等。还有，"图像分割"技术涉及的应用有，在自然风景的图像中圈定森林的范围，在街景图中识别道路的方向，从医疗图像中确定病灶部位，等等。不仅是识别图像，在生成图像（作画）方面机器学习也可以施展身手。

如果说图像识别发挥了眼睛的功能，那么语音的识别和合成就相当于人类的耳朵和嘴。自然语言识别与合成等工作，目前都是人工完成的，但将来说不定都可以让计算机来做。总之，机器学习应用广泛，能想到的应用案例数不胜数。

综上所述，现在有大量数据可以作为输入资源，信息处理过程可以高效进行，得到的输出结果还可以应用于各种领域，所以机器学习成为热门的理由不难理解。

预测问题和分类问题

机器学习有多厉害就先说到这里。下面我来说一说"预测问题"和"分类问题"。这两类问题很有代表性，在面对它们时，人们往往就会想到要让机器学习出马解决。

预测问题

所谓**预测问题**，是指通过给定的**输入**，得到与**目标**尽量接近的**输出**这一类问题。

例如，你在经营一家网站，想要预测在广告上投入的费用会在销售额上有多大程度的反映。显然，你希望在实际投放广告之前，就能对销售额有个正确的预计。这里的广告费就是问题的"输入"，经过预测得到的数值（销售额）是"输出"，而"目标"则是实际的销售额。所以这个例子就是"在广告费给定的情况下，尽量精确地预测销售额"这样的预测问题。预测问题也称回归问题。

对于人类来说，这类预测问题是自然而然就可以解决掉的。我们会像"之前在广告上投入了多少，然后销售额增长了多少，所以继续增加广告投放力度，销售额应该会继续上

---

① 来自南美洲的入侵物种。被红火蚁螫伤后会有火灼般的痛感，严重者会休克甚至死亡。——译者注

涨吧"这样，根据自己的经验去做出相应的预测。

将广告费记为 x，销售额记为 y，我们可以把过去的广告费和销售额数据表示成如图 A-1 所示的点的集合。

图 A-1　广告费与销售额

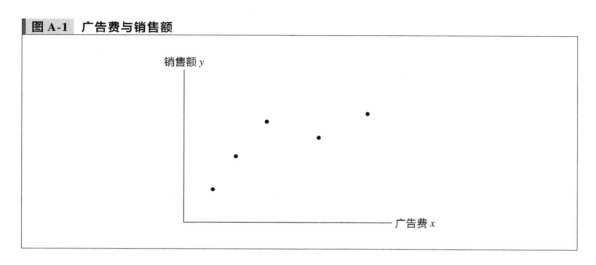

想要求解预测问题，需要我们能够根据没有真实投入过的广告费 x_0，预测出与投入 x_0 后的实际销售额非常接近的输出 y_0。这就相当于要做出如图 A-2 所示的图。

图 A-2　根据广告费预测销售额

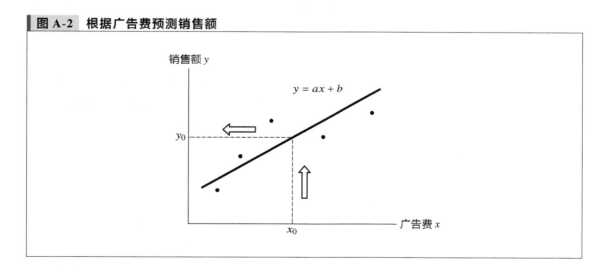

图 A-2 意味着，通过假设广告费 x 和销售额 y 之间有

$$y = ax + b$$

这样的关系，就可以对销售额做出预测。换句话说，广告费乘以 a 倍之后加上 b 的值，就可以得到销售额 y。这个做出假设的过程，就叫作"为预测问题建立**模型**"。

但是，只有模型还是无法解决具体问题。因为在模型中还有两个未知数 a 和 b，如果不能具体确定这两个值，就谈不上解决问题。像 a 和 b 这样的未知数，称为模型中的**参数**。如图 A-3 所示，参数选取得越好，预测的准确性就越高。

图 A-3　**参数选取得越好，预测的准确性就越高**

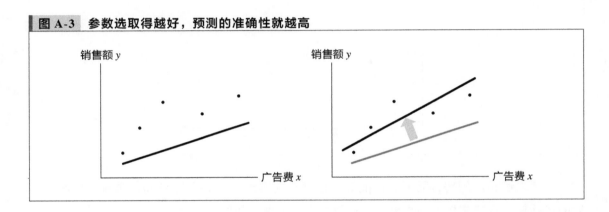

(x, y) 是由输入和目标组成的 1 组数据。图 A-3 只反映出了 5 组数据，但这样的数据越多，参数也就越好找，预测的准确性也会随之提升。在我们的例子中，广告费和销售额的数据越多，就等于积攒的经验越多。

由输入和目标组成的数据称为**训练数据**。机器学习中所谓的学习，就是**为了通过给定的输入得到和目标尽可能接近的输出，使用训练数据对参数进行调整的过程**。使用训练数据对参数进行过调整的模型称为**训练好的模型**。对于训练好的模型，需要用**测试数据**对其进行**测试**，从而**评价训练的效果**（如图 A-4 所示）。

在机器学习中对参数进行调整的过程，不是由程序员完成的，而是由计算机通过训练数据自动完成的，这正是机器学习的一大特征。

保险起见，最后再提醒一下。通过形如 $y = ax + b$ 的算式由输入 x 得到输出 y 时，会把参数 a 和 b 视为常量，也就是说它们的取值不变。但是，为了得到和目标更接近的输出，在调整函数图的过程中，要把参数 a 和 b 视为取值会变化的变量。请注意，要从上述两个不同的角度来看待参数 a 和 b。

图 A-4　学习与测试

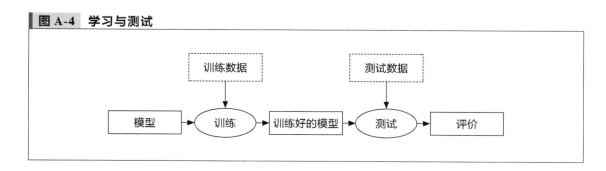

还有一点我们不能忘记的就是模型具有局限性。比如说，在广告费和销售额之间真的存在 $y = ax + b$ 这样的关系吗？如果根本没有这样的关系，那么无论怎么调整参数，也不可能正确预测销售额。所以，为了使预测更加准确，需要建立合理的模型。

另外，要预测销售额时，只有广告费这一项作为输入，没有问题吗？比如季节、地区等信息是不是也需要考虑呢？在 $y = ax + b$ 中，输入只有一个数值，输出也只有一个数值。但是，如果考虑更一般的情况，输入可以有很多数值，输出同样也可以有很多数值。这样由多个数值组成的对象称为**向量**。

到这里先做个总结吧。我们面对预测问题，首先要有好的模型加上大量的训练数据。然后，我们需要的是"能根据输入向量，得到和目标向量尽量接近的输出向量"这样一个训练好的模型。

后面即将登场的感知器就是机器学习中最为基本的模型之一。为了解决更复杂的问题，之后我们还将会讲到神经网络等模型。

分类问题

所谓**分类问题**，是指对于给定的输入，判断其应该被分入哪个类别这种问题。比如说，手写的数字形态各异，但是人类在看到这些数字时，可以对它们进行分类，也就是判断它们是 0 到 9 之间的哪一个。这就是人类在解决手写字符的分类问题（图 A-5）。分类问题也称为识别问题。

第 3 章中提到过"分组"，这里的分类问题也不外乎是分组的一种。如果能用计算机对大量数据进行确切的分类，那么这个技术能够应用的地方可就多了。

例如，根据虫子的图像判断它是否为害虫，根据人类的图像判断这是哪一位注册用户，检测运行中的机器是否处于异常状态等，这些都可以视为分类问题。

在手写字符的分类问题中，图像数据就是程序的输入。将构成图像的每个点（像素的颜色值）变换成数，并将这些数排列成向量作为程序的输入。比如，用 $x_1, x_2, x_3, \cdots, x_{I-2},$ x_{I-1}, x_I 这样的 I 个数来表示每个像素的颜色值，则输入向量 $\boldsymbol{x}$ 就可以表示为由这些数排列而成的

$$\boldsymbol{x} = \begin{pmatrix} x_1 \\ x_2 \\ \vdots \\ x_I \end{pmatrix}$$

这样的形式。一般来讲，表示向量时，不会使用普通的字体 x，而是用加粗的 $\boldsymbol{x}$ 进行区分。

图 A-5　手写字符的分类问题

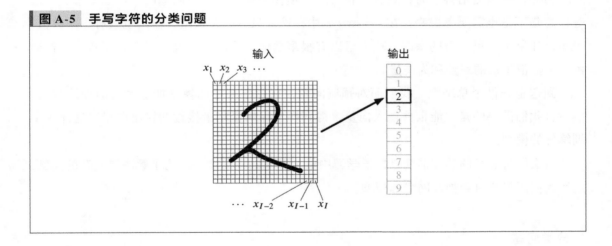

在分类问题中，输出可以是"数字 2"这样一个明确的分类结果，也可以是概率向量的形式（图 A-6）。比如，可以像这样用概率列表的形式来表达分类结果：数字 0 的概率为 0.04，数字 1 的概率为 0.01，数字 2 的概率为 0.90……数字 9 的概率为 0.02。这时的输出 y 可以表达成由 10 个数组成的输出向量，如下所示。

$$y = \begin{pmatrix} 0.04 \\ 0.01 \\ 0.90 \\ 0.01 \\ 0 \\ 0 \\ 0.01 \\ 0 \\ 0.01 \\ 0.02 \end{pmatrix}$$

图 A-6　手写字符的分类问题（概率向量）

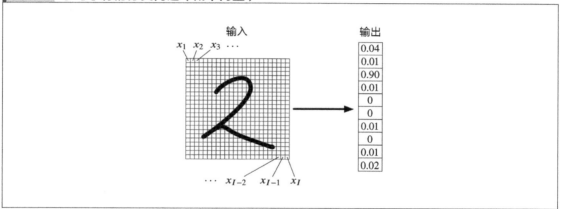

解决分类问题的过程，也可以说是从大量数据中总结规律和规则，从而发现模式的过程。机器学习并不会要求程序员提前研究手写字符的各种形态再去设计程序，而是由计算机根据训练数据来调整参数，从而得到分类模型，这才是它的特征所在。

感知器

相信大家对预测问题和分类问题已经有了大致印象，下面我来说一说机器学习的具体原理。

什么是感知器

作为机器学习中的一种基本计算方法，**感知器**的工作流程如图 A-7 所示。

在该图中，数据从左向右通过，左边排列的 x_1, x_2, x_3 为**输入**，右边的 y 为**输出**。

大家既可以认为感知器就是一种根据输入求输出的"计算方法"，也可以用计算机科学的语言来称它为"算法"。另外，还可以将单个的感知器看作是构成"电路"的一个个"电子元件"。无论怎么想都可以，不过在这里我们把感知器称为**模型**。于是，图 A-7 所示的就是"由输入 x_1, x_2, x_3 得到输出 y 的模型"。

图 A-7　感知器

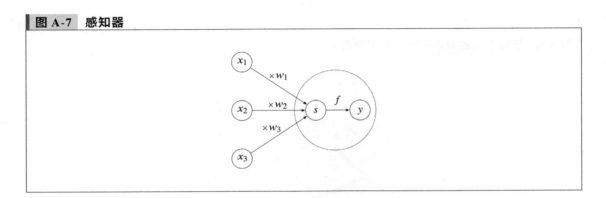

图中箭头所指的方向就是数据的流向。输入 x_1, x_2, x_3 和中间的 s 由三条线（箭头）**连接**，线上分别标有 w_1, w_2, w_3。该图表示了如下运算。

$$s = w_1 x_1 + w_2 x_2 + w_3 x_3$$

这里的 w_1, w_2, w_3 称为**权重**（或权值）参数。该式表达的是，对于输入 x_1, x_2, x_3，分别乘上相应的权重 w_1, w_2, w_3，再将结果相加，把得到的总和记为 s。到这里相信大家理解起来都没问题。

s 和 y 之间也有箭头相连，上面标的 f 称为**激活函数**（也称激励函数）。图中所示的就是使用激活函数 f 从 s 得到 y 的过程，用算式来表达则如下所示。

$$y = f(s)$$

总结以上内容可知，图 A-7 所示的感知器表达了如下的运算过程。

$$\begin{cases} s = w_1 x_1 + w_2 x_2 + w_3 x_3 \\ y = f(s) \end{cases}$$

加权求和

有些读者可能会有疑问："一会儿做乘法，一会儿做加法，搞这些到底有什么意义？和机器学习又有什么关系？"请少安毋躁，我们来稍微深入地探讨一下感知器中出现的算式吧。

比如，在感知器中下面这样的式子称为**加权和**。

$$s = w_1 x_1 + w_2 x_2 + w_3 x_3$$

所求的是输入 x_1, x_2, x_3 的总和，但它并不是简单相加，而是对各个输入赋予相应的权重 w_1, w_2, w_3 之后，再进行求和。w 取自权重的英文单词 weight 的首字母。

w_1, w_2, w_3 也如各自的下标所示，分别对应了 x_1, x_2, x_3 的权重，反映了相应输入的重要性。

如果所有输入的权重（重要性）都取相同的值，比如 $w_1 = w_2 = w_3 = 1$，那么对 x_1, x_2, x_3 赋予同样的权重后求和即可。

此外，如果权重中取 $w_2 = w_3 = 0$，就意味着求和时会无视 x_2 和 x_3。

到这里大家应该就能明白了，即使是相同的输入，只要权重的值改变，计算结果也会改变。通过调整权重的取值可以对计算结果加以调整。

专栏   向量

说到向量，可能很多人的第一反应是箭头（有向线段）。这么想当然也没什么问题，但是希望大家不要执着于箭头的刻板印象。为了避免引起混乱，在大多数情况下，把向量看作"数的（有序）排列"会更加合适。

在加权求和运算中，我们接触过下面这个算式。

$$w_1 x_1 + w_2 x_2 + w_3 x_3$$

实际上这个式子可以用向量内积的形式来表达，写成如下形式。

$$(w_1 \; w_2 \; w_3) \begin{pmatrix} x_1 \\ x_2 \\ x_3 \end{pmatrix}$$

也就是说，下述关系成立。

$$(w_1 \; w_2 \; w_3) \begin{pmatrix} x_1 \\ x_2 \\ x_3 \end{pmatrix} = w_1 x_1 + w_2 x_2 + w_3 x_3$$

这个运算就是将 w 和 x 根据它们的下标按顺序相乘（1 为一组、2 为一组、3 为一组），然后再求总和。

$$(w_1 \quad w_2 \quad w_3)\begin{pmatrix} x_1 \\ x_2 \\ x_3 \end{pmatrix} = w_1x_1 + w_2x_2 + w_3x_3$$

$$(w_1 \quad w_2 \quad w_3)\begin{pmatrix} x_1 \\ x_2 \\ x_3 \end{pmatrix} = w_1x_1 + w_2x_2 + w_3x_3$$

$$(w_1 \quad w_2 \quad w_3)\begin{pmatrix} x_1 \\ x_2 \\ x_3 \end{pmatrix} = w_1x_1 + w_2x_2 + w_3x_3$$

向量的内积与加权和

如果用 $w_1x_1 + w_2x_2 + w_3x_3$ 的形式表示加权和，那么表示权重的 w_1, w_2, w_3 和表示输入的 x_1, x_2, x_3 就会在式子中被拆分得到处都是。但是，如果用向量表示就会像下面这样，

$$\underbrace{(w_1 \quad w_2 \quad w_3)}_{\text{权重向量}} \underbrace{\begin{pmatrix} x_1 \\ x_2 \\ x_3 \end{pmatrix}}_{\text{输入向量}}$$

将权重和输入用向量的形式进行区分了。进一步讲，还可以按照如下形式，用黑体字（$\boldsymbol{w}$ 和 $\boldsymbol{x}$）分别代表两个向量。

$$\boldsymbol{w} = (w_1 \quad w_2 \quad w_3), \quad \boldsymbol{x} = \begin{pmatrix} x_1 \\ x_2 \\ x_3 \end{pmatrix}$$

这样一来，原本比较复杂的加权求和的式子就可以写成下面这样十分简单的形式。

$$\boldsymbol{wx}$$

综上所述，整个算式则如下所示。

$$\boldsymbol{wx} = (w_1 \quad w_2 \quad w_3)\begin{pmatrix} x_1 \\ x_2 \\ x_3 \end{pmatrix} = w_1x_1 + w_2x_2 + w_3x_3$$

因为 w_1, w_2, w_3 和 x_1, x_2, x_3 都是单纯的数，理解起来也很容易，但是机器学习中要处理的数实在是太多了，所以还是统一处理比较好。用向量正好可以将大量的数整合，让我们更加清楚地看到算式在表达什么含义。

　　这里需要注意一点。在内积运算中，行向量和列向量一个需要横向书写，一个需要纵向书写。但是在书面资料中，纵向量占据的篇幅太大，于是人们经常会把

$$\begin{pmatrix} x_1 \\ x_2 \\ x_3 \end{pmatrix}$$

写成

$$(x_1 \quad x_2 \quad x_3)^{\mathrm{T}}$$

的形式。这种记法（操作）称为转置，用"上标 T"来表示。

　　如果大家掌握了上面说的这些约定俗成的表达方式，遇到带有 *wx* 的式子时就不至于手足无措了。

激活函数

　　在感知器的算式中，出现过以下式子。

$$y = f(s)$$

这里的 *f* 称为激活函数。激活函数有很多种不同的定义方式，为方便说明，我们采用下面的定义。

$$f(s) = \begin{cases} 0, & （s \leqslant 0 \text{ 时}） \\ 1, & （s > 0 \text{ 时}） \end{cases}$$

也就是说，如果 *s* 小于或者等于 0 则 $f(s) = 0$，如果 *s* 大于 0 则 $f(s) = 1$。无论 *s* 如何取值，$f(s)$ 的值都是 0 或 1 这两个值之一。说到只有两个值的情况，大家可能会联想到第 2 章中有关"逻辑"的内容。这里激活函数 $f(s)$ 所起到的作用，就是在"小于等于 0"和"大于 0"两种情况中进行二选一的判定。该操作既可以说是在把连续的值拿进逻辑世界中，也可以说是在将模拟（analog）世界转变为数字（digital）世界。

　　按照以上定义，激活函数 $f(s)$ 是否能取到 1，取决于 *s* 的值是不是超过 0。这时，我们称"以 0 为阈值"。所谓阈（threshold）也就是门槛 [1]，如果值够大，能够跨越门槛，则结果为 1；如果还不足以跨越门槛，则结果为 0。所以，这个词完全可以直接按字面意思来理解。

---

[1] 日文中"阈值"的"阈"和表示门槛的"敷居"同音同源。——译者注

感知器小结

前面我们围绕感知器，说明了其示意图和计算方法，现总结如下。

- 对输入 x_1, x_2, x_3 赋予权重 w_1, w_2, w_3 并加权求和，结果记为 s
- 根据 s 的值是小于等于 0 还是大于 0，决定 $f(s)$ 的值是 0 还是 1

仔细思考一下，就能发现这些基本思路和机器学习之间的联系。首先，我们的例子里输入只有 3 个，如果把输入增加到 100 个、1000 个甚至更多，就可以给出大量的数据。这些数据在加权求和之后会对应到某个 s 值，通过调整权重参数，还可以得到不同的 s 值。接下来，通过合理定义激活函数，就可以根据得到的 s 值做出最终判断。

这样一思考，大家应该可以对机器学习的原理，也就是如何通过大量数据进行判断有一个大致的了解了吧。

下一节，我们终于要进入机器学习的"学习"部分了。

机器学习是如何"学习"的

学生会在学校里"学习"。经过学习，学生对问题可以给出正确的答案。学得越好，解答的正确率越高，给出的回答也就越确切。

机器学习中进行"学习"的主体不是人，而是机器。机器利用数据进行学习[①]，从而变成能对给出的问题做出正确解答的机器。

好了，下面我就用上一节中讲过的感知器，来说一说机器学习是如何学习的吧。

学习的流程

感知器的作用是根据给定的输入 x_1, x_2, x_3 求出输出 y。因为即使是相同的输入，只要感知器的**参数**发生变化，输出的值就会改变，所以输出 y 受到感知器权重参数 w_1, w_2, w_3 的控制。

机器学习中的学习就是通过调整参数（选取尽量好的参数），得到与目标尽可能接近的输出的过程。

---

① 如果把机器（模型）视为客体或受体，那么"学习"也可以称为"训练"。——译者注

学习的流程如图 A-8 所示。

- 首先准备好训练数据（包括输入和目标）
- 把输入代入模型，得到相应的输出
- 对输出和目标进行比较
- 调整参数，得到更好的输出（使得输出与目标尽可能接近）

图 A-8　学习的流程

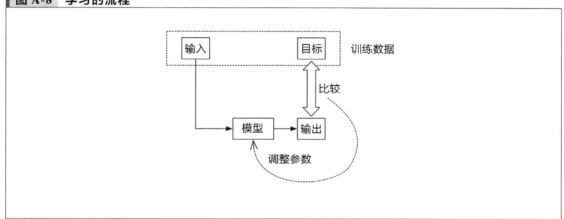

训练数据与测试数据

到这里，可能有读者会想，通过学习得到的模型是否真的具备了解决问题的能力？或者说，对于未知的输入，模型是否真的具备了预测或者分类的能力？会不会只有输入是训练数据时才能得到正确的输出呢？我们需要的是解决一般性问题的能力，这称为**泛化能力**。为了确认模型是否具有泛化能力，需要进行测试。

为此，我们需要把为机器学习准备的数据分成两类——**训练数据**和**测试数据**。在学习过程中只使用训练数据。

这种想法本质上和学生在学校的学习类似。对于在学校的学习来说，能解出课堂上出的练习题并不是目的。学生能够通过学习掌握知识和能力，从而解出和练习题难度相当的（一般性的）问题才是目的所在。为此，学校会通过考试，用课堂上没有讲过的题目对学习效果进行测试。也就是说，学校会对学生的泛化能力进行测试。

如果机器对训练数据能给出完美的输出，对测试数据给出的结果却不尽如人意，很有可能是发生了**过拟合**（overfitting）。用学生来说，就好比是课堂上做过的练习题都能解得很好，但考试成绩却不怎么理想。

损失函数

为了进一步说明机器学习的基本原理，下面会稍微改变一下感知器的算式。

简单起见，设输入只有 x_1, x_2 这两个，并且省略掉激活函数的步骤。这样，我们的模型可以表达如下。

$$y = w_1 x_1 + w_2 x_2$$

设机器学习的训练数据由输入 x_1, x_2 和目标 t 组成，写成如下形式。

$$(x_1, x_2, t)$$

也就是说，训练数据可以是

$$(x_1, x_2, t) = (10, 2, 5)$$

或

$$(x_1, x_2, t) = (-3, 1, 3)$$

这样的一组数据。这里我们只给出两组数据作为输入的例子，实际问题中训练数据的量会非常大。

在学习的过程中，需要比较输出和正确的值。拿这个简单的例子来说，要比较的对象就是由输入 x_1, x_2 通过给定模型得到的输出 y 和目标 t。如果 y 和 t 的值一致，那当然好，但一般并不会这么理想。对学习结果（输出）的评价不是单纯的"好与不好"，而是要知道它与训练数据中给出的目标相比"到底有多不好"。为了实现这种评价，需要引入**损失函数** $E(w_1, w_2)$。

在具体的机器学习问题中，如何选取恰当的损失函数是个重要且有难度的问题。为了接下来的讲解，这里先介绍一下**平方和误差函数**。设训练数据有 n 组，由平方和误差函数定义的损失函数如下式所示。

$$E(w_1, w_2) = (t_1 - y_1)^2 + (t_2 - y_2)^2 + \cdots + (t_n - y_n)^2$$
$$= \sum_{k=1}^{n} (t_k - y_k)^2$$

式子虽然有点烦琐，但表达的意思一点都不复杂。首先求出第 k 个目标 t_k 和输出 y_k 的差，再平方。如果 t_k 和 y_k 的值恰好相等，则差为 0，平方之后还是 0。只要两个值中有一个偏大，那么差的平方就一定大于 0（正数）。这里取平方的目的是无论目标和输出中的哪一个值偏大，都可以衡量出它们"偏离对方的大小"，这样一来求出的总和就是整体上偏离的大小。

$E(w_1, w_2)$ 的值越大，输出和目标之间的偏离就越大。$E(w_1, w_2)$ 的值越小（越接近 0），模型的输出和训练数据（的目标值）的偏离就越小。

换句话说，$E(w_1, w_2)$ 的大小表示了输出优劣中"劣"的程度。所以，$E(w_1, w_2)$ 被称为损失函数。

好了，到这里我们也有办法评价输出的优劣了。接下来需要做什么呢？没错！要通过调整模型中的权重参数，使得损失函数的值尽量接近于 0。这一步与前文"学习的流程"中的"调整参数，得到更好的输出"相对应。

专栏 **表示求和的 $\sum$ 记号**

在介绍平方和误差函数时，我们用到了下面的算式。

$$\sum_{k=1}^{n} (t_k - y_k)^2$$

对 $\sum$ 记号不熟悉的读者，可能读到这里就想跳过去了。但是，要理解这种写法其实一点也不难。该式要表达的操作，就是让变量 k 从 1 跑到 n（在 1 到 n 之间取值），并对 $(t_k - y_k)^2$ 求和。比如说我们考虑 n 等于 3 的情况，这时下式成立。

$$\sum_{k=1}^{3} (t_k - y_k)^2 = \underbrace{(t_1 - y_1)^2}_{k=1} + \underbrace{(t_2 - y_2)^2}_{k=2} + \underbrace{(t_3 - y_3)^2}_{k=3}$$

$\sum$ 记号总表示求和，而变量的变化范围有各种写法。例如，有时会将变量范围像下面这样写成不等式。

$$\sum_{1 \leqslant k \leqslant 3} (t_k - y_k)^2$$

如果 k 的变化范围已经确定，甚至还会简写成下面这样的形式。

$$\sum_{k} (t_k - y_k)^2$$

在看到 Σ 记号时，一定要注意确认是关于哪个变量的求和，这一点非常重要！例如，以下两个式子长得非常像，但仔细看就会发现不同。

$$\sum_{k=1}^{3} a_j^k = a_j^1 + a_j^2 + a_j^3, \quad k\ \text{在变}$$

$$\sum_{j=1}^{3} a_j^k = a_1^k + a_2^k + a_3^k, \quad j\ \text{在变}$$

使用 Σ 记号的好处在于可以让一些很长的式子变得很短、很简洁。另外还有一个好处，那就是可以帮助我们明确"到底是在考虑什么样的和"。Σ 记号表示的无非就是求和而已，请大家千万不要遇 Σ 而逃。如果真的理解起来有困难，把 Σ 表达的和式展开成具体的一项项相加的形式，应该就会好理解一些了。

梯度下降法

前面我们说到了损失函数，还说到可以通过调整参数使损失函数的值变小。为了方便大家建立起更直观的印象，我用下面这个简化之后的例子来做进一步说明。

$$E(w_1, w_2) = \sum_{k=1}^{n} (t_k - y_k)^2$$

为了使损失函数的值变小，我们要调整的是模型中的参数 w_1 和 w_2。只要 w_1 和 w_2 变化，即使是同一个输入，其输出也会发生变化，损失函数的值也就会随之发生变化。

为了让大家有个直观的印象，用图来说明这个过程吧。因为 $E(w_1, w_2)$ 的值随着 w_1 和 w_2 的变化而变化，所以如图 A-9 所示，我们可以画出如三维网格地图一般高低起伏的图像。学习的目标就是在地图中找到地势尽可能低的地点。在这一点处的参数 w_1, w_2 就是我们要找的答案。

图 A-9 为了让损失函数 $E(w_1, w_2)$ 的值能尽量往低处走，调整参数 w_1、w_2 的取值

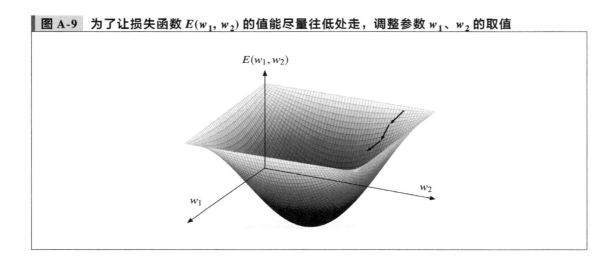

只要绘出这样的图像，我们用肉眼就可以直接看出哪里低。但是，如何让计算机去找地势低的位置呢？

这里我们就要用到**梯度下降法**[①]了。无论是在山峰还是在山谷，只要不断重复从落脚点向低处前进，就一定能到达地势低的位置。这种想法非常自然吧。如果运气够好，我们在某个时刻会发现，从当前落脚点出发无论往哪个方向走，损失函数的值都不会再减小了。用地形来说就是我们已经达到了谷底，起码我们所在的地点已经使得损失函数的值是很小的了。如果模型中的参数已经到"谷底"，不能再向四周移动，那么该模型就可以说是"训练好的模型"了。

本书在第 1 章中提到过"将大问题分解为小'单元'"。这里也是同样的思路。并不是要一口气从整个地图中找到最低的地点，而是从当前的落脚点出发，看往哪个方向走更低。

首先，由已有的训练数据定义损失函数。然后，利用梯度下降法来调整参数，使得损失函数值最小。虽然上面的例子进行了简化，不过也已经能够充分反映出在机器学习中模型是如何"学习"的了。

在"下山"的过程中，每一步迈出的步伐越大，向着最优参数前进的速度也就越快。但是，如果步伐太大，说不定有些小山谷就直接跳过去了。这里步伐的大小称为**学习率**。在迈出第一步时，步伐可以大一些，之后看情况，根据学习的进展情况调整步伐，也就是

---

① 经常也称最速下降法，但译者认为两者有细微差别。这里按照日文原文翻译为梯度下降法，但是针对"梯度"本书中并没有进行任何解释，读者可以参考其他资料。——译者注

调整学习率的大小。

我们的例子里只有两个参数，所以能直观地画出这样的地图。如果参数有三个以上，可就没那么简单了。并且，随着参数个数的增加，往这个方向试一下、往那个方向试一下这种莽撞的做法就不太可行了。因为我们在第 7 章中也提到过，这样会发生"指数爆炸"。想要通过简单粗暴的"彻底搜查"来寻找最优的方向是行不通的。我们还需要利用后面会提到的反向传播算法等方法，来有效控制运算量的爆发。

作为程序员要做些什么

好了，接下来我们来了解程序员是如何参与机器学习的。在构建模型这个阶段，程序员是要参与的，但是参数的自动调整过程，程序员不会参与。也就是说，程序员不去直接指定参数的具体数值，而是通过模型、损失函数、训练数据，间接地让参数的选取向着更优的方向变化，从而得到需要的参数。即使模型、损失函数都相同，只要训练数据不同，学习后得到的模型也会截然不同。

机器学习是基于数据让机器去学习，程序员并不直接参与其中。这就像硬件配置完全相同的计算机，如果软件系统不一样，整个运行模式也会不一样。把软件换掉，同一套硬件系统也会根据不同的指令做出不一样的事情。道理类似，就算模型一样，只要训练数据不同，最后模型的运行模式也会不一样。

神经网络

前面以感知器为例，我讲解了机器学习中的"模型"和"学习"。对于一个模型来说，从输入到输出的过程（方法）是由其中的参数控制的。而"学习"是指基于训练数据，对损失函数使用梯度下降法等方法进行参数调整的过程。

只是，单个感知器能做的事情还是太有限了。于是出现了把多个感知器组合起来构成多层结构，以便能够处理更加复杂的判断问题的神经网络。

什么是神经网络

神经网络是指，把像感知器一样有输入和输出的**节点**排列起来形成的带有层次的结构。

神经网络（neural network）这个词来源于生物的信息传递方式。在感知器中，输出是二元的，取值只有 0 或 1 两种情况，而神经网络中的节点输出的就不是二元，而是可以进行微分运算的连续值。

图 A-10 中表示的是有 2 层结构的神经网络。它和感知器一样，节点之间有连接，连接上有权重参数。不过为了简单起见，图上省略了权重参数。

图 A-10　2 层的神经网络

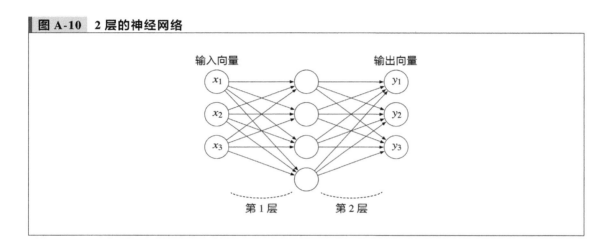

关于层数，不同的书或论文中可能有不同的计数方式。图 A-10 中的神经网络，因为带有权重参数的连接一共有 2 层，所以称为 2 层神经网络。如果按照节点的层数计算，输入向量、中间排列的节点、输出向量一共有 3 层，所以也有人称之为 3 层神经网络。无论计数方式如何，大家应该都能明白只要把网络一层层地连接起来，就能得到多层神经网络（图 A-11）。

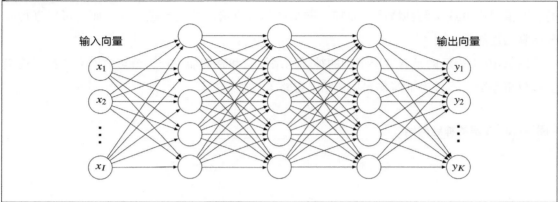

图 A-11　多层神经网络

在机器学习的说明中经常会出现这样的图。

- 节点一层层地排列
- 最左边是输入向量，最右边是输出向量
- 在节点之间有连接，连接上赋有权重参数

可以想象，在构建神经网络的模型时层数、节点数、节点上的函数等会有很多种变化，所以此时当然需要程序员出马，但到了调整参数的环节，就需要把工作交给计算机，让计算机根据训练数据去调整。

误差反向传播法

在神经网络模型中，利用损失函数求最优参数时，经常会用名为**误差反向传播法**（error back-propagation）[1] 的算法（图 A-12）。误差反向传播法的基本思路是，首先从输入层向输出层走，计算出损失函数的值，然后从输出层向输入层反向前进，利用微分计算来查看随着权重参数的变化输出结果会发生什么变化，接下来根据考察结果，对权重参数进行调整。

---

[1]　常简称为反向传播法，缩写为 BP。——译者注

图 A-12 误差反向传播法（前向传播阶段和反向传播阶段）

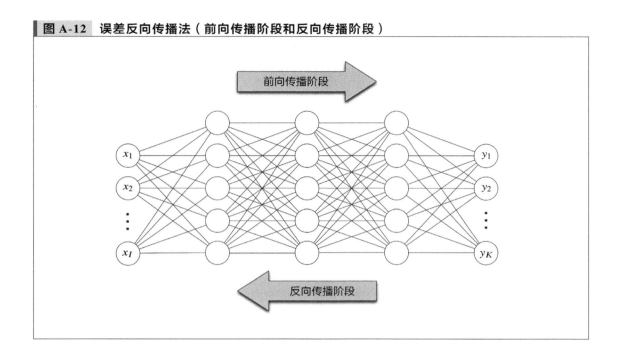

在运用神经网络模型时，处理的数据和涉及的参数往往会非常多。在对它们的不同组合进行计算时，很容易陷入"指数爆炸"的境地（参见第 7 章）。为此，研究机器学习的学者开发了各种算法以避免这种不利的情况发生。反向传播法就是其中之一。

深度学习和强化学习

到此，我介绍完了神经网络的结构，以及如何学习（训练模型）的问题。最近，我们经常还会看到深度学习、强化学习等词。

深度学习是在神经网络的基础上，通过增加层数得到的更加"深化"的模型。增加层数是为了更加精确地拟合复杂函数，就算涉及的参数个数不做大的变动，也能得到更好的模型。至于如何"深化"在理论上更为有效，依然是现在研究的热点之一。

强化学习是在"无监督"的条件下进行的"学习"。也就是说，在学习过程中没有标准答案可供参考。强化学习通过试错来寻找最优输出，对每个输出，系统都会提供反馈（奖励），模型的参数可以根据得到的反馈来调整。例如，Google DeepMind 开发的 DQN（Deep Q-Network）系统就是综合了深度学习和强化学习技术的程序，这套系统让计算机学会了自己打电子游戏。DQN 系统在事先不知道规则的状态下进入游戏，开始学习，最终成绩打破了人类取得的最高记录。还有，他家开发的围棋对战程序 AlphaGo[①] 也是深度学习和强化学习结合的产物。AlphaGo 在学习过大量棋谱之后，开始屡屡战胜人类。之后开发出的 AlphaGo Zero 在不曾学习人类棋谱的情况下，仅凭围棋的对弈规则进行自我训练，就成为了最强大的 "程序围棋手"。此后出现的 AlphaZero 对 AlphaGo Zero 进行了更加一般性的改进，将程序从围棋扩展到了国际象棋、将棋，并在这两个项目上也拿到了 "最强棋手" 的桂冠。

人类就这样没用了吗

前面我以 "迈向机器学习的第一步" 为题，对机器学习中的基本问题进行了大致的介绍。最后，我们来谈一谈这个话题：随着机器学习技术的进步，人类就这样没用了吗？这里不是要谈感情，而是透过我们前面的讨论来思考一下 "作为人类，我们剩下的工作是什么"。

● 构建模型

机器学习通过训练数据，对模型的参数进行最优化。但是，比如在神经网络中如何构建其中的层次结构、如何选取要用的函数、如何进行组合，（在现阶段）还都需要人类来决定。

什么类型的问题用什么模型比较有效？学习的效率和准确率如何提升？对这些问题，机器学习的研究者们正在着手进行深入研究。

● 确保数据的可靠性

在机器学习的过程中，对模型的参数进行最优化的依据是训练数据。训练数据中如果有错误，最优化之后的结果也会出错，这样预测就算失败了。因此，训练数据是否正确、是否可靠、是否只收集了预测需要用到的所有信息，这些事情都需要由人类来判断。

● 对结果的解释

机器学习在训练数据的基础上，对模型的参数进行优化，以便得到尽可能准确的预测和尽可能确切的分类。通过学习，会得到模型中用到的参数的取值，这些参数的数量非常巨大。

---

① https://deepmind.com/research/alphago/

但即使得到了准确的预测和确切的分类结果，人类还是想要追寻更加抽象化的解释。也就是说，除了结果，我们还需要"因为有了这样的趋势，所以得到了那样的预测""正是因为图像中有这般特征，所以才得到了那般分类"这样的解释。但是，面对那一堆参数值，很难合理地解释为什么预测是准确的、分类是确切的。

比如在医疗行业，"通过机器学习得到了这样的结果……"接下来，对这些结果作何解释，就是留给人类的工作了。

之所以会发生这种情况，是因为依靠机器学习解决问题的途径和其他方法有所不同，它本来就不是在验证人类提出的假设。

机器学习仅仅是在数据的基础上进行最优化计算而已。至于得到的参数"为什么"会是这个值，根本没办法说明。它能说明的只有"输入和输出之间存在这样的关系"，仅此而已。要想给出更加抽象的解释，不借助人类的力量真的不行。

不过，说不定随着科研的进步，机器自己也能"进化"出解说能力，给出让人类能够理解的解释。

● **做出决策**

机器学习会根据输入的数据预测未来。这种意义下的预测，是基于先前的经验进行的，得到的是未来最有可能发生的情况（数值）。但是，得到预测值之后"应该做些什么"，机器是无法决定的。也就是说，它们无法进行决策。

通过机器学习这个方法，机器可以告诉我们在未来什么样的行动会导致事情如何发展。但是，做决策这件事本身，并不能让机器来做。

顺着这个话题继续讲下去，就不是技术问题，而是伦理问题了。比如，在减轻痛苦和延续生命之中二选一的问题等，只能由个人的意志来决定，不可能委托给机器学习。

这些问题已经超出本书的讨论范围了，之后的思考就留给大家了。大家可以想一想，是不是人类就真的没用了？

附录小结

在本附录中，我对以下要点进行了介绍。

· 机器学习是什么？为什么近些年机器学习备受关注

- 机器学习中最基本的感知器模型，以及机器学习中"学习"的含义
- 由众多节点组成的网状机器学习模型——神经网络
- 针对"随着机器学习技术的进步，人类就这样没用了？"这一问题的思考

就像我一开始说的，本附录介绍的内容仅仅是"第一步"而已。特别是这里完全没有涉及概率统计等知识，而要想了解机器学习，这些是不可欠缺的。更详细的内容，请读者参考以下文献资料等。

● 参考文献

- C. M. Bishop. Pattern Recognition and Machine Learning [M]. Springer, 2006.
- 斋藤康毅. 深度学习入门：基于 Python 的理论与实现 [M]. 陆宇杰，译. 北京：人民邮电出版社, 2018.
- 岛田直希，大浦健志. 基于 Chainer 的深度学习入门 [M]. 东京：技术评论社，2017.[1]
- 中井悦司. 机器学习入门之道 [M]. 姚待艳，译. 北京：人民邮电出版社，2018.
- 比户将平，马场雪乃，里洋平，等. 数据科学家养成书读本 [M]. 东京：技术评论社，2015.[2]

◎ 结语

学生：算式好麻烦啊，完全不想看。

老师：更多情况下，不用算式才会麻烦呢。

学生：怎么会呢？

老师：因为算式能准确表达复杂的信息，是传递信息的语言。

学生：算式是……语言？

老师：没错！是帮助我们传达重要信息的语言。

---

[1]　原书名为《Chainerで学ぶディープラーニング入門》，尚无中文版。——编者注
[2]　原书名为《データサイエンティスト養成読本（機械学習入門編）》，尚无中文版。——编者注